江西省高校人文社会科学重点研究基地招标项目“核资源开发利用与生态环境系统耦合机制研究”（编号：JD15118）最终研究成果

核资源开发利用与生态环境系统耦合机制研究

徐步朝 著

中国原子能出版社

图书在版编目(CIP)数据

核资源开发利用与生态环境系统耦合机制研究／徐步朝著. — 北京：中国原子能出版社，2019.6 （2021.9重印）
ISBN 978-7-5022-9543-1

Ⅰ. ①核… Ⅱ. ①徐… Ⅲ. ①核工程-关系-生态环境保护-研究 Ⅳ. ①TL②X171.4

中国版本图书馆 CIP 数据核字(2018)第287911号

核资源开发利用与生态环境系统耦合机制研究

出版发行 中国原子能出版社(北京市海淀区阜成路43号 100048)
责任编辑 高树超
装帧设计 赵 杰
责任校对 冯莲凤
责任印制 潘玉玲
印　　刷 三河市南阳印刷有限公司
经　　销 全国新华书店
开　　本 787 mm×1092 mm 1/16
印　　张 10.5
字　　数 178千字
版　　次 2019年6月第1版 2021年9月第2次印刷
书　　号 ISBN 978-7-5022-9543-1 **定 价** 58.00元

前言

PREFACE

恩格斯在《自然辩证法》中就提醒过我们：不能过分陶醉于对自然的胜利，人类每一次对自然的征服，最终都会受到自然的报复。恩格斯特别强调人与自然和谐对人自身的重要性。马尔萨斯的人口论提出了人口增长与资源使用、生产可能性之间存在的矛盾。遗憾的是，在经济浪潮的指引下，人们走得较远。在科技的支撑下，人们开发地球资源的水平、手段、速度都得到了极大的提高，在所能享受到的物质财富及成果方面远远超过了以前若干个世纪的总和，满足了人们对于物质财富的渴望与需求。与此同时，工业化社会生产带来了自然资源的快速耗竭，生态破坏和环境污染引起了地球气候日益变暖、物种快速消失、各种流行病滋生与肆虐等次生环境问题。面对自然环境恶化这一愈演愈烈的现实状况，迫使人类不得不思考如何更好地维持和改善自身与自然的和谐共生。

我国经济经过多年高速增长之后，已经从高速增长转为中高速增长；经济发展从数量型增长转为质量型发展，社会与经济即将进入追求高质量发展的新时代。习近平总书记高瞻远瞩，科学系统地提出了“创新、协调、绿色、开放、共享”五大发展理念，深刻阐释了人与自然的关系，从根本上改变了生态环境无价或低价的传统认识，回应了人民群众日益增长的优美生态环境需要，为筑牢中华民族伟大复兴绿色根基提供了方向引领。新发展理念有效破解了发展与保护两难的抉择，既合理解答了如何可持续发展问题，同时也为能实现人与自然和谐共生的现代化提供了新的思路。习近平总书记创造性地提出，人与自然是生命共同体；保护自然就是保护人类，建设生态文明就是造福人类；人类对大自然的伤害最终会伤及人类自身，这是不可抗拒的规律；要尊重自然、顺应自然、保护自然，推动形成人与自然和谐发展现代化建设新格局[①]。这些重要论述深刻揭示了人类文明发展规律、自然规律和经济社会发展规律，厘清并回溯了社会主义生态文明的哲学源头，饱含了谋求人与自然和谐共生的绿色发展理念，正在指引我们走一条生产发展、生活富裕、生态良好的文明发展道路，引领中华民族在实现伟大复兴征程上阔步前行。针对矿产资源，国务院在关于全国矿产资源规划(2016—2020)的批复中明确要求，提高矿产资源开发保护水平，到2020年基本形成节约高效、环境友好、矿地和谐的绿色矿业发展模式。

人民群众对优美生态环境需要，仍将是今后一个时期内要解决的社会主要矛盾之一。矿产资源的开发利用，一方面满足了人类经济社会发展的物质需求；另一方面，因为开采和利用方式粗放、不够集约，给生态环境带来了难以避免的创伤。核资源作为重要的战略性自然资源，其在国防科技和钢铁、机械、仪器、食品工业以及地质勘查、农业、医学等领域的作用日益凸显。又因其具有放射性等特点，在开采、冶炼、分离、后处理等环节中会对大气环境、水环境、声环境、地貌景观等产生胁迫，造成诸多生态环境问题。而生态系统也通过调节、反馈等功能反作用于核资源开发利用系统。通过理论研究以及建立协调度模型，对两个系统的耦合协调度进行关联分析，进一步揭示了两个系统内在的互动性与关联性。

本书在核资源开发利用、生态系统内涵和相关耦合理论以及发达国家核资源与环境保护经验研究的基础上，对国内外核资源开发利用与生态环境保护实践方面进行详细阐述。从核资源开发利用对生态系统的胁迫、自然生态系统对核资源开发利用反馈机制、核资源开发利用对生态环境影响机制、核资源开发利用与生态环境耦合关系等四个方面，对核资源开发利用与生态系统的耦合关系进行深入研究。在此基础上，建立了核资源开发利用与生态系统耦合协调模型，并对耦合协调度进行测算，而且对一定时间跨度内的耦合协调度进行了对比分析。在自然生态系统承载力允许的前提下，研究和寻找实现核资源“安全、高效、清洁”生产与利用的有效途径，是此书的本心和期望。

本书以习近平新时代中国特色社会主义思想为指导，以新时代下经济与社会发展的新要求为出发点，以核资源合理利用、节能减排、保护环境和促进地

---

① 习近平总书记在十九大报告中的论述。

矿和谐与高质量发展为主要目标，以开采方式科学化、资源利用高效化、矿山环境生态化为基本要求，将绿色矿业理念贯穿于核资源开发利用全过程，实现核资源开发的经济效益、生态效益和社会效益的协调统一[①]。课题组还以江西核资源开发与生态环境保护的协调发展为实证样本，对江西省核资源与生态环境现状进行了阐述，对核资源开发利用历史演变进行了梳理，并结合实际对江西省核资源开发利用的困境进行了深入分析，从而对核资源开发利用的保障基础提出了对策建议。

① 来源于《国土资源部关于贯彻落实全国矿产资源规划发展绿色矿业建设绿色矿山工作的指导意见》，http：//www. gov. cn/zwgk/2010-08/23/content_1686388. htm.

目录
CONTENTS

第一章

导　　论

在人类社会的发展过程中，核能作为一种清洁能源，相较于化石能源，具有供给高效、稳定性高、效益好、碳排放量基本为零、污染低等优点，可大规模应用，在可持续发展中具有重要战略意义。核电发电量在世界总发电量中约占 16%左右，位列第三，仅次于火电和水电。虽然 2011 年日本福岛核泄漏事故给核电发展蒙上了一层阴影，世界核电的发展受到一定的负面影响，但是从总体上看，世界核电装机容量和发电比重仍保持逐步增长的趋势，核资源开发利用具有广阔的发展空间。

第一节　研究背景

当前，我国正面临百年未有之大变局，国内外环境不断改变。随着 5G、AI、IOT 等新一代科技的到来，我们将面临更加复杂、更加艰难的政治、科技等问题。这些都不断推动着核资源的发展变革，促使核资源开发利用与生态系统更加协调发展。

一、现实背景

2020 年新冠疫情席卷全球，造成了世界经济的大萧条。国内外大环境的深远变化，对我国“十四五”时期及以后的核电发展提出了更为迫切的要求。随着科学技术的进一步发展，核资源的开发利用水平将进一步提高。截至

2020 年 4 月，我国现阶段有 47 台正在运行的核电机组、15 台在建的核电机组①。在加快核电建设的同时，2019 年我国核能的发电量也只占全国发电量的 5%左右，与世界的平均水平 10%相比，仍有较大差距，这也就意味着我国核资源的后续发展还存在较大提升空间。

（一）铀资源生产量低

随着“十四五”规划的发布，政府针对铀资源可持续开采与利用提出了长远需求规划。当前，与世界上其他主要富铀资源国家相比较，我国铀资源探明存储总量较少，且至今没有探查到硬岩超大型的铀矿床，导致铀资源总量有明显的不足，从而直接造成铀资源的生产量低。再加上中国特殊的成矿环境、不同地区地质勘查方面的困难程度、相关技术人员严重不足等因素，都会影响到铀资源供给量，使其无法满足自身的需求，但是我国仍然具有很大的铀资源开采与利用的潜力。因此，中国的铀资源发展战略，可以通过立足于国内市场供给，加大投资勘查的力度，制定铀矿长远发展规划来保证铀资源可以做到及时供应和储备充足的战略安排。

（二）铀资源需求量大

中国作为世界最大能源消费国之一，自身的能源供给制约较多，能源技术有待进一步提高，能源结构有待进一步改善。目前，在全球能源转型的驱使下，中国在推动能源技术创新、发展绿色能源、实现能源发展可持续性方面肩负重任。基于“富煤、贫油、少气”的能源特征，我国能源结构长期以化石能源为主体，清洁能源所占比重较低，这与生态环境保护以及资源可持续发展相悖，需要通过推动清洁能源发展，如积极发展核电来改变以火电为基荷电场在能源结构中的地位。核能作为一种有利于中国经济与生态可持续发展的清洁能源，成为快速实现中国能源结构清洁化、可持续性发展的首选，其开发利用也成为中国应对发展低碳能源经济的一个最佳选择。由于我国核电产业发展快速，核资源的需求量不断增加，在未来核电的发展过程中，核电的占比还会持

① 根据生态环境部副部长、国家核安全局局长刘华在“4·15 全民国家安全教育日”的讲话整理。

续增长，但是现有铀资源探明存储量已经远远不能满足国内经济社会发展的需要，还需要我国制定科学战略规划，保证铀资源储备安全。

（三）铀资源消耗量大

随着我国核电项目不断上马，以及核科学、核技术在民用领域的广泛应用，对铀资源的消耗量快速加大。数据显示，国内铀资源生产量已经远远供应不上消耗量，只能从国外产铀国家开采和国际市场购买。这要求我们不仅在科学技术水平上要不断提高，同时也要抓住更多的发展机遇，让核资源利用迎来更大的发展空间，准确定位，以减少核资源浪费，减少对外依存度，降低能源和技术风险。与此同时，在铀矿地质的勘查工作中，需要以绿色发展理念为引领，采用科学的技术手段和先进的管理办法来实现地质勘查全过程对环境影响的最小化，不断提高铀资源的利用率，保持核能的绿色可持续发展。

二、研究意义

目前我国社会的主要矛盾是人民日益增长的美好生活需要和不平衡不充分的发展之间的矛盾。本书研究意义最终是要满足人民对于美好生活的需求，满足人民的物质生活，保护好人民赖以生存的生态环境以提高人民的生活质量水平，这也是优化我国能源结构、缓解环境污染和保证能源安全的需要。

（一）有利于促进经济发展

随着我国经济社会的健康快速发展，生态文明建设步伐的不断加快，核能发电是解决国家不断增长的电力需求的重要途径。国际原子能机构计划与经济部门的负责人汉斯霍尔格罗格纳博士说：一桶石油售价 60 美元，其产生的能量与大约 35 美元的核能相对应，照此发展下去核能会变得越来越廉价。世界上一些贫油的国家油价一直居高不下，严重阻碍这些国家的经济发展进程。因此，推动核资源各个产业上的有效配合，不仅能极大地带动国家的经济发展，还在医疗应用、军事保障、科学发展等方面都具有十分重要的意义。

（二）有利于保护生态环境

从初期准备、中期开采到后期处理的系列核资源开发过程都与生态环境有着密切联系，两者相互影响。其中，地质勘探是核资源开发的前期准备工作，会对生态环境产生一定影响；而核资源开发的核心部分采矿过程和核加工过程也会对其周边的生态环境产生一定影响。为保障核资源的绿色可持续发展，必须以绿色发展为理念，尽可能减少对生态环境的负面影响，切实解决核资源在地质勘查、开发、利用过程中存在的环境污染、生态破坏等问题，调节能源短缺与环境影响之间的发展关系，探索出一条具有中国特色的可持续发展方案。因此研究核资源开发利用与生态系统之间的耦合关系就显得极为重要与迫切。

（三）有利于保障社会生活

“十四五”时期，我国经济社会发展将进入新的阶段、踏上新的征程。从外部环境看，国际经济、政治、文化、科技、安全等格局都在不断地调整和改变，危机和新机共存；从国内来看，我国正迈入追求高质量的发展阶段，社会的主要矛盾发生了历史性的变化，既有诸多优势条件，也存在发展不平衡不充分的问题。核资源的开发利用不仅要符合国家政治经济的需求，也要满足人民生活条件的要求，高效、安全、节能利用的核资源为人民日益增长的美好生活需要提供诸多便利，为生态环境的绿色可持续发展提供着保障。

第二节 研究内容

一、研究方法

本书主要采取实地调研方法来获取一手资料：根据研究需要，广泛搜集材料，设计并整理了一些与本研究密切相关的问题。带着这些问题深入我国已经开采的部分重点铀矿山进行实地调查；同时，对有关部门进行调查、访谈，有效保障了实地考察过程中调查的针对性、客观性、准确性。

本书以研究核资源的开发利用为主，同时又将江西作为个案进行研究，是因为江西铀矿存储量丰富且生态环境较好，具有典型性和代表性。研究主要采取规范研究和实证研究相结合的方法，在进行深入调查、拥有广泛资料的基础上进行了多角度分析。采用定量与定性分析相结合，将不同国家地区的实践资料结合起来，系统科学地研究核资源与生态环境两个系统之间的相互关系，论证两者之间的耦合机制。

二、主要内容

核资源开发利用与生态环境协调发展是核资源发展和生态环境良性循环的基础。要达到这种理想状态，必须解决以下问题：第一，如何能在对环境造成最小的影响下，实现核资源的最大发展；第二，构建核资源开发利用与生态系统耦合发展的指标体系和综合评价方法；第三，健全核资源开发利用与生态系统的保护管理机制。本书运用经济学、管理学、地理学和生态学的相关原理，探索性地研究并提出相应解决办法。

本书主要从以下几个出发点进行：第一，基于经济、资源与环境耦合理论等多学科融合的方法理论，根据核资源开发利用情况对经济发展、环境改变的影响机制进行分析与探讨，研究经济、资源与环境变化具备的生命周期性和动态的演化性；第二，以系统论理念为基础，对核资源的开发与开采地区生态环境的相互作用进行分析，再运用系统学方法构建核资源开发利用与生态环境系统耦合指标体系，凸显系统科学理念、系统科学方法与应用研究的重要性；第三，基于核资源的可持续开发利用理念，以江西为实证分析突出核资源可持续开发利用过程中的重、难点，总结提出实现当前有限资源的优化配置建议。

本书立足于生态文明思想和生态经济学，遵循“现实问题→理论研究→对策建议”的思路，在课题研究过程中，在自然资源稀缺性理论、环境价值理论、生态经济学理论、系统论、资源开发政府管理、协调发展理论及生态文明思想等理论基础之上，探讨了核资源开发利用与生态环境的理论基础、实践探索、耦合关系和对策建议。

全书由八部分组成。第一章是导论。该章包括研究背景、研究意义、研究的方法、思路以及创新之处。第二章是核心概念的概述及文献综述。包括核资源开发利用的含义及特征、生态系统的含义及特征、耦合机制的相关概念以及对于核资源开发利用的文献回顾。第三章是核资源开发利用系统和生态系统两者耦合的理论基础。包括环境经济学、生态经济学以及资源开发政府管理理论。第四章是核资源开发利用系统和生态系统两者耦合的实践基础。包括我国核资源的开发现况、制度变迁以及核电基础设施建设，同时针对核资源开采及利用较好的国家，分析其核资源开发利用与生态环境保护之间的关系，以提供经验启示；第五章是核资源开发利用系统和生态系统两者耦合的机制分析和耦合指标体系构建。通过研究核资源开发利用系统与生态系统两大子系统的正负反馈作用，探索两者之间的耦合关系，并建立耦合评价指标。第六章是核资源开发利用系统和生态系统耦合模型建立及耦合度测度。基于对可获得数据的整理，对生态系统和核资源开发系统两者的耦合协调度进行测算，并就其发展趋势进行探讨。第七章是个案分析。以江西省为案例，从江西的环境概况以及核资源开发利用现状出发，分析江西省核资源开发的困境，以及如何在保护生态环境的前提下发展核资源。第八章是从市场及公共伦理的角度对核资源开发利用问题进行剖析，在百年未有之大变局格局下对核资源开发利用提出展望及建议。

三、研究思路

本书以核资源开发利用对生态系统的破坏现状为切入点，以实现核资源开发利用与生态环境协调发展为目的，以系统科学的理论和方法为手段，阐述核资源开发利用系统与生态系统的耦合机制；以生态学的理论和方法为支撑，构建核资源开发利用系统与生态系统耦合协调发展的指标体系；在实证评述的基础上，提出针对核资源开发利用系统与生态系统协调发展的对策建议。

四、创新点

1. 综合分析了我国核资源开采利用地区的开采状况，评价了核资源开发利用地区生态环境质量，开展了现有条件下多尺度区域生态环境影响分析，为核资源开发利用与生态系统耦合机制研究提供了理论支撑与实践经验。

2. 阐明了影响核资源开发利用与生态系统协调发展的主要指标，并利用SPSS22. 0进行数据分析。基于系统耦合理论、环境经济学理论以及资源开发政府管理理论，建立了核资源开发利用与生态系统的耦合协调评价模型，分析了我国核资源开发利用与生态系统的耦合协调程度和发展类型，为实现核资源可持续发展提供理论依据。

3. 基于市场及公共伦理角度，分析了目前我国核资源开发市场化运行的困境，从风险事故角度探讨了公众对核资源发展的可接受程度。将博弈论引入核资源可持续发展研究中，以矿区开发生态补偿的合作与矛盾为切入点，研究核资源开发利用生态补偿的决策主体交互作用而产生的博弈关系，从而为核资源可持续开发利用提出见解和建议。

第二章

核资源开发利用与生态系统概念界定与文献回顾

核资源的开发利用是一项充满巨大经济价值与风险的人类实践活动，它能为人类挖掘幸福源泉，同时也深刻的影响人类的安全与命运。在这一过程中产生的诸多价值困境常常使人们陷入生态安全与经济发展的两难境地，因此需要我们从生态可持续的角度分析两者关系，为解决一系列的价值困境和后续发展提供参考①。

第一节　核资源开发的内涵

一、核资源的含义及特征

(一)含义

核资源又叫核燃料资源(Nuclear Fuel Resources)，是自然界存在的、能从矿物中提取的可经原子核反应生成能量的资源，用于裂变反应的铀、钍以及聚变反应的氚、氘及锂等都包括在核燃料资源中。由于技术、经济及核资源储量的原因，目前世界上比较成熟并且具有一定经济性的核燃料提取及核能应用技术只有铀裂变技术。因此，本书中核资源主要是指铀资源(在某些场合核资源

① 冯昊青．基于核安全发展的核伦理研究[D]．中南大学，2008.

与铀资源可以互用，本书中所涉及的“核资源”与“铀资源”两个概念除了特别说明外，一般指代铀资源）。

（二）核资源特征

1. 矿床类型多样

在世界上已经发现的20多种铀矿种类中，在工业方面具有意义的类型主要包括白岗岩型、不整合脉型、石英卵石砾岩型、砂岩型、钠长岩型、脉型等。这些铀矿类型中，砂岩型、石英卵石砾岩型、不整合脉型及脉型4种占世界总储量的90%，铀矿在早元古界地层中的赋存储量占总量的50%，在中、新生界地层中储量约为总量的30%，而晚元古界和晚古生界地层中储量仅为总储量的15%①。

2. 资源分布不均

分布不均匀且相对集中是世界上已探明铀矿资源的特点，铀矿床和铀矿化已经在80多个国家和地区被发现，但是存在铀矿床的地区却十分有限。美国、纳米比亚、澳大利亚、南非、乌兹别克斯坦、尼日尔、俄罗斯、乌克兰、加蓬、哈萨克斯坦、加拿大、德国东部、捷克、法国及巴西是产铀的主要区域。1990年1月联合国国际原子能机构公布的铀资源数据中，低成本铀的世界储量为230万吨（苏联、东欧及中国不包含在内）。以国别进行统计，储量第一的是澳大利亚，然后分别为南非、加拿大、美国、尼日尔、纳米比亚等国。

3. 具有放射性

元素从不稳定的原子核自发地放出如α射线、β射线、γ射线等到衰变形成稳定元素停止放射（衰变产物）的现象称为放射性。衰变过程中元素放出的能量被称为衰变能量。放射性存在于原子序数为83（铋）或以上的元素中，也存在于某些原子序数小于83的元素（如锝）当中。

作为一种分布广泛的亲石元素，铀的化学性质活泼，在多种不同的地质条件下都可以形成。铀的能量密度非常大，42节火车车厢运载煤时所产生的能量与1千克^{235}U衰变释放出的能量相等。天然铀衰变时对外释放的主要为α射

① 根据核燃料资源——百度百科总结。

线是而不是更危险的β、γ射线。一般情况下，α射线穿透力较弱，用一张A4纸就可以遮挡，人的衣服和皮肤也可以阻隔α射线，可一旦通过口鼻进入人体，α射线内照射就会带来巨大的安全隐患。

放射性也是铀存在的最好标志之一。当铀矿存在于某个地区时，该地区岩石、土壤、水甚至植物体内可能存在远高于背景值的放射性①。放射性虽然无法通过人的肉眼观察到，但是借助专门的仪器却可以方便地探测出来。事实上，铀具有放射性的这一特点几乎运用在了所有的铀矿资源的普查和勘探上。

二、核资源开发的含义及生命周期规律

（一）核资源开发的含义

从广义上理解的资源开发一般包括两方面的内容：首先是开拓，其目的是资源利用规模的扩大，包括森林资源的采伐、人工控制水能、开垦土地、开掘核等一系列和资源开发相关联的经济活动；其次是发展，主要是指资源开发活动区域的扩大和该资源开采利用程度的提高。

依据开发资源所包括的内容，开发与利用核资源包括以下的主要流程：前期勘查、开采核资源、加工核资源产品。开发核资源的前期准备工作是地质勘探，对生态环境会产生一定的影响。采矿过程和核加工是核资源开发过程的核心部分，这是对周边环境产生较大影响的两个阶段。总而言之，有两个前提是核资源开发需要满足的：一是开发区域内分布有核资源，二是区域内的核资源具备开发使用的价值，能够满足合理开发利用的需要。除此之外，矿区周边的人口数量、自然资源分布状况和交通条件等，也与核资源开发紧密相关。

核资源开发的目的是生产核资源产品，依照发展过程可以分为以下四个主要环节，包括核资源勘查、核资源采选、核资源加工、核资源利用。核资源勘查及采选阶段直接作用于生态系统，核资源加工和利用阶段表现为核资源及相关产业将核资源转化为人类在生产生活中可以利用的核资源产品（图2.1）②。

---

① 刘洪军．走近天然铀[N]．经济日报，2019-08-02(16)．

② 郭文慧．淮河流域矿产资源开发与生态系统耦合机制研究[D]．合肥工业大学，2012．

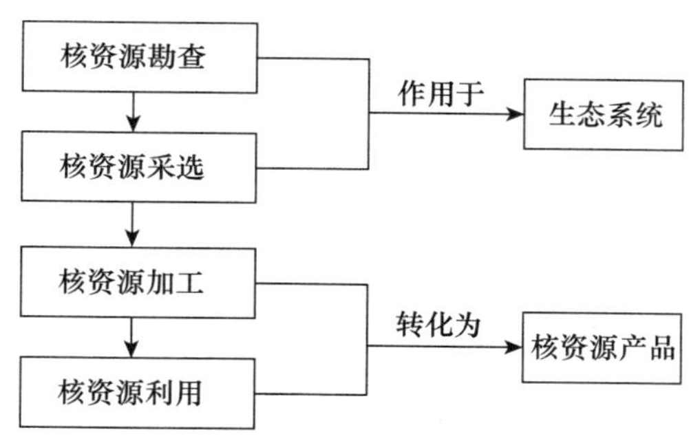

图 2.1 核资源开发过程简图

（二）核资源加工处理流程

核燃料对最终产品的纯度要求很高，而铀矿石的品位通常较低，约千分之一。所以铀矿的冶炼必须经过一系列的富集、提纯过程，相对普通金属更为复杂：

首先是“水冶工艺”的采用，矿石会被加工成“黄饼子”。黄饼子即重铀酸铵，是经过水冶得到的黄色铀化学浓缩物，一般含铀 60%～70%，但其中仍然含有大量的杂质，并不能直接地用作核燃料，应对其进一步加工与纯化。提纯过程是先将重铀酸铵用硝酸进行溶解，得到硝酸铀酰溶液，一般用磷酸三丁酯作萃取剂，并用溶剂萃取法进行纯化。经过加热脱硝纯化后的硝酸铀酰溶液会生成三氧化铀，然后再还原成一种棕黑色粉末——二氧化铀。这种纯度较高的二氧化铀可以作为核燃料用在反应堆中。而金属铀的制取，则是将无水氟化氢与二氧化铀进行反应，生成四氟化铀，然后利用金属钙或者金属镁还原，最终得到产品金属铀。至此，可作为核燃料使用的二氧化铀和金属铀的生产过程就已经全部结束了，制成的燃料棒或燃料块等元件只需满足一定的尺寸、形状的要求，就可以在反应堆中投入使用。

辐照废料或“废燃料”是指从反应堆中卸出来的核燃料。之所以要把废燃料从反应堆中卸出来，并不是因为已经耗尽了里面的全部裂变物质（^{235}U），而是因为积累了太多能够大量吸收中子的裂变产物，致使链式反应的正常进行受到阻碍。因此经过一段时间的使用之后，反应堆中已经使用过的核燃料要被卸出，更换新的核燃料。

名义上废燃料虽“废”，但里面包含的尚未被用掉的裂变物质仍然相当可观，所以不能被随意丢弃。这是由于^{238}U在反应堆中吸收中子后会生成核武器最重要的成分钚(^{239}Pu)，这使得用过的核燃料要比没有用过的核燃料具有更大的安全与防范问题。因此，根据国际核不扩散条约的相关内容，要对使用过的核燃料予以安全处理。在此之外，废燃料中还包含有许多在反应堆运行期间新生成，且具有价值的放射性同位素需要进行回收利用。

(三)核资源生命周期理论

美国学者马林鲍姆在洛顿和哈维提出的资源开发与区域发展阶段理论的基础之上，完成了核资源消费强度理论的创立，矿产资源需求的生命周期理论也随之被提出，杰奥恩和克拉克提出的核资源消费结构理论则进一步完善了核资源开发的生命周期理论①。核资源开发生命周期理论认为，处于不同发展阶段的国家或区域的核资源开发过程都符合 Logistic 曲线所呈现出的周期特点，即生命周期规律(图 2.2)。对应着生命周期理论，核资源型产业的发展经历了一个由盛转衰的过程，具体可以划分为如下四个时期：勘探期、成长期、成熟期和衰退期②。

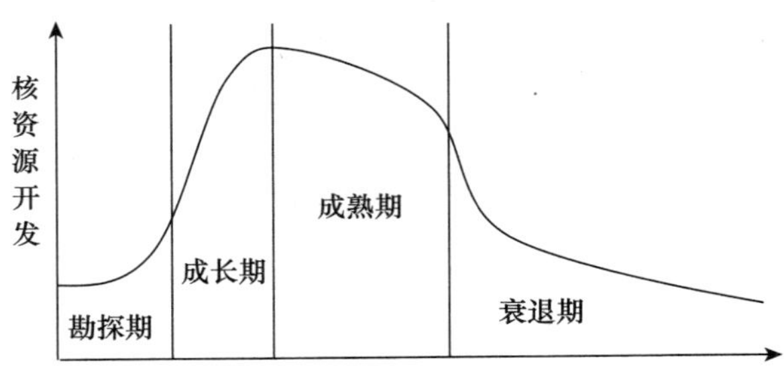

图 2.2　核资源开发生命周期示意图

1. 勘探期

核资源开发初始时期，需要不断投入大量的资金和劳动力，进行大规模的勘查与开发建设。随着核资源产量的不断提高，资金、设备、劳动力不断涌

---

① 宋杰鲲，李殿伟．油矿城市转型及可持续发展初步研究——以山东省东营市为例[J]．中国石油大学学报(社会科学版)，2006(1)：36-39.

② 郭文慧．淮河流域矿产资源开发与生态系统耦合机制研究[D]．合肥工业大学，2012.

入，产业规模初步成型，核资源开发步入成长期。

2. 成长期

核资源产业形成一定规模后，企业会逐渐规范和提高各种生产科技能力和技术管理水平，使生产能力逐步提高，以降低核资源生产成本。

3. 成熟期

核资源产业成本已经降到最低，这一时期，核资源产量达到顶峰并开始有所回落。此时期可以称为核资源生产稳定期或是平衡期，核资源产业成熟期产量基本稳定在顶峰时的80%以上。

4. 衰退期

随着核资源开采量的累计增长，矿区中易开采的核资源储量下降，开采困难程度增大，成本不断的上升，产量大幅度下跌，收益大幅下滑①。这时如果无法在核资源勘探上有所进展或提高开采的技术水平，使核资源新增储量或替代资源量有所提高，核资源的开发将难以长期进行下去，核资源开采将会进入到一个漫长的衰退期，并且核资源产业最终会面临消亡或产业转型。

---

① 郭文慧．淮河流域矿产资源开发与生态系统耦合机制研究[D]．合肥工业大学，2012.

第二节　生态系统的含义及特点

在一定的自然空间范围内，生态系统是指生物有机体与其依存的环境要素相互影响、相互制约而构成的统一整体。该整体能够在一定时间段保持相对稳定的动态平衡。生态系统可从不同角度划分成各种不同类型，同时生态系统的基本特征为研究生态有关内容提供分析依据[①]。

一、生态系统的含义

在一定的空间和时间内，一个由生物群落和其环境组成的整体，各个组成要素之间通过能量流动、信息传递和价值流动、物质循环和物种流动形成具有自调节功能而且相互联系、相互制约的复合体就是生态系统（图 2.3）[②]。

生态系统定义的基本含义包括以下四个方面：①生态系统是有空间、时间概念的功能单元，是客观存在的；②其主体是生物，组成部分包括生物和非生物；③具有整体的功能，各个要素间的组织是有机的；④生态系统是人类生存和发展的基础。

1935 年英国植物生态学家 A. G. Tansley（1871—1955）首先提出生态系统（ecosystem）一词。在研究当中，植物的生长、分布以及繁盛度都会显著受到动物、气候和土壤的影响。该学者根据研究发现提出："生物与环境形成了一个自然系统。正是这种系统构成了地球表面上各种大小和类型不同的基本单元，这就是生态系统"。

半个多世纪以来，在生态系统理论的完善和实践方面有很多生态学家都做出了巨大的贡献。

在学生时代，R. Lindeman（1915—1942）就受到了 W. S. Cooper 的显著影

---

① 方云祥．安徽省典型流域生态系统健康评价及管理对策研究[D]．中国科学技术大学，2020.

② 杨洲．建筑和媒介生态系统[J]．中外建筑，2010(1)：46-48.

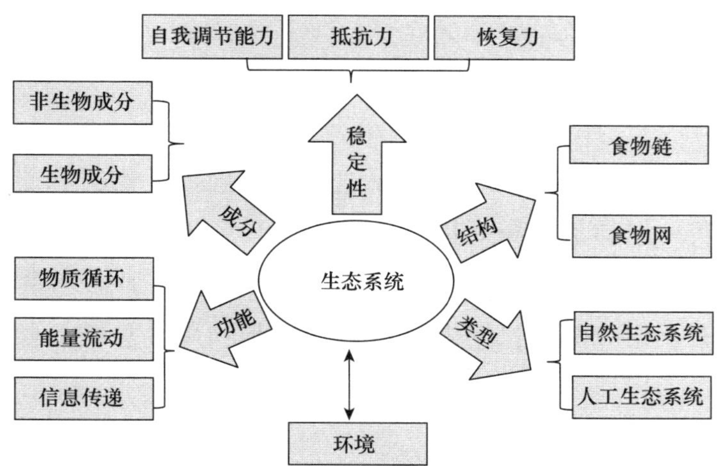

图 2.3 生态系统结构组成图

响，非常重视实践。对塞达波格湖的研究工作于 20 世纪 30 年代末开展，并且在做出卓越贡献的同时取得了巨大成就。营养物质移动规律的揭示和营养动态模型的创建，使他成为生态系统能量动态研究的先行者。通过完善严谨科学的数据，他对能量沿着食物链转移的顺序进行了详细的论证，提出了著名的“十分之一定律”，开创了生态学从定性走向定量的新阶段。

F. B. Golley（1960—1968）作为陆地生态系统能量流动研究的先驱，他曾对陆地生态系统中的弃耕地开展能量流动以及营养结构的研究工作，对食物链生态系统能量流动的渠道进行了比较深入的揭示，提出在沿着各个营养阶层流动时能量是逐级减少的。第五届国际生态学大会于 1990 年在日本举行，在开幕式上他作为国际生态学会的主席作了主题为“生态系统概念的发展——对序（order）的探讨”的学术报告，就生态系统、生物圈和全球变化受到人类活动的影响进行强调与研究。

一方池塘，一片森林或一块草地都可以称之为生态系统，这是一个十分具体的概念。与此同时，它在空间范围上的概念又是比较抽象的。生物圈和生态系统的不同主要体现在研究的空间范围及其复杂程度上。大的生态系统可以由小的生态系统联合形成，复杂的生态系统可以由简单的生态系统组合而成，而生物圈就是最大最复杂的生态系统。

二、生态系统的基本特点

生物群落与其栖息的环境之间不断地进行着物种、物质和能量的交流与相互结合。在时间一定和条件相对稳定的情况下，各组成要素的功能与结构都在系统中处于一种动态协调的状态。蔡晓明（2001）就关于生态系统基本特征的这部分内容做出了相应阐述，结合核资源开发与利用，总结、归纳了生态系统的重要特点。

（一）包含整体性特点，主体为生物

通常情况下，生态系统与一定空间范围是相互联系的，其主体为生物，生命支持系统的物理状况对生物多样性有一定的影响。概而论之，多个物种可以同时维持在环境复杂的垂直结构中，一个森林生态系统所包含的物种数量要多于一个草原生态系统。相同的温带或者寒带生态系统展示出的多样性要小于热带生态系统。系统整体性的保证有赖于各个要素之间稳定的网络式联系。

（二）层级系统是复杂的、有序的

生态系统作为由多要素、多变量构成的层级系统，受到自然界中生物的多样性和相互关系的复杂性影响，这就决定了生态系统是极为复杂的。大尺度、大基粒、低频率和缓慢速度是较高层级系统的特征，它们会受到更大系统、更缓慢作用的控制。

（三）远离平衡的，开放的热力学系统

每一个自然生态系统都存在能量的输入和输出，而输出总会随着输入的变化引起相应的变化。这是因为输入是输出的原因，而输出是输入的结果。虽然能量输出的变化并不是立即产生的，可能有一定的滞后性，但输入是输出存在的必要前提。能量在维持生态系统的过程中非常重要。生态系统在混沌到有序，到新的混沌，再到新的有序的发展过程中，变得更大更复杂时，需要更多的可用能量去维持。

（四）功能的明确性和服务性能的功益性

生态系统是功能单元而不是生物分类学单元。比如说能量的传递，在光合作用下绿色植物将转变为化学能的太阳能在体内贮藏起来，随后再转移给其他动物，这样营养物质就在取食类群间实现了转移，最后分解者把他们重新释放到环境当中。物质交换是复杂而且有规律的，是在生态系统内部不断进行着的，不论是生物与生物之间，还是生物与环境之间。这种对生态系统起着深刻影响的物质交换在周而复始地进行着。生态系统的服务功能包括供给功能、调节功能、文化功能以及支持功能等，是指人类在生态系统中进行能量流、物质流的交换过程所获得的效益，在进行多种生态过程中完成维护人类生存的“任务”，将粮食、药物和工农业生产等必不可少的原料提供给人类，并为人类提供生存的环境条件以及间接的、大量的功益服务。书中所研究的生态系统的功能，主要就是生态系统的服务性能。

（五）功能的自维持、自调控

自然生态系统中的生物在经过长期进化适应后与其所在的环境条件逐渐建立了关系，这种关系是相互协调的。生态系统自调控（self-regulation）机能主要从以下三个方面得以体现：首先是种群密度在同种生物间的调控，这种种群变动规律在有限空间内是普遍存在的；其次是数量异种生物种群之间的调节，在植物与动物、动物与动物之间出现的比较多，食物链关系是最常见的表现方式；最后是相互适应调控，存在于生物与环境之间。生物所需要的物质可以从其所在的环境中不断获取，环境也在及时对其消耗做好补偿，两者存在于输入输出间的供需调控在不断地进行。

反馈是生态系统调控功能完成的主要途径。反馈包括正反馈（positive feedback）和负反馈（negative feedback）两种。正、负反馈相互作用、相互转化，对生态系统的稳定起到了一定的保障作用。正反馈起促进和加强的作用，是系统中的部分输出，通过一定路线而又变成输入；负反馈对生态系统保持平衡是不可或缺的，但倾向于削弱和减低其作用。

（六）系统负荷能力

生态系统负荷力（carring capacity）是一个二维概念，涉及了用户数量和每个使用者的强度。在实践过程中，种群繁殖速率最快的时期是将有益生物种群保护在一个环境条件所允许的最大种群数量之内。就保护环境的工作来说，污染物的容纳量要在人类能够正常生存以及生态系统不受到损害的前提下与环境容量（environmental capacity）相匹配。生态系统的纳污量并不是无穷尽的，污染物的排放量受到环境容量的限制。环境容量越大的生态系统，污染物的接纳量就会越大，反之则越小。

（七）动态发展特性

和自然界的众多事物相同，生态系统也具有发生、形成以及发展的过程顺序。生态系统的演化规律是自身特有的，得益于不同时期系统表现出的鲜明历史性特点，对此，生态系统的划分包括幼期、成长期、和成熟期。简言之，每一个生态系统的形成都要经过长期的历史发展，鲜明的未来性是我们所处新时代的特点，生态系统这一特性是预测未来的重要科学根据。

第三节　核资源开发与生态系统耦合协调的含义及特征

核资源开发与生态系统是两种系统要素，两者之间存在着正负反馈机制：核资源开发对于生态系统存在胁迫作用，生态系统对于核资源开发有限制约束作用。耦合机制的形成是两个子系统间的相互作用、相互影响。

一、耦合的含义

从两个或者两个以上主体之间的物理关系衍生而来的观念叫做“耦合”[①]。从生态系统学的角度出发，“耦合”是指大于等于两种的系统要素或者子系统之间经过相互作用、相互演变和最后发展形成的结果。系统耦合在系统要素之间表现为相互促进，联系紧密的关系，对系统的生产和生态功能有积极作用；系统相悖则表现为互相干扰、相互破坏的关系，对系统的生产生态是减少的作用，两者是同一问题的两个方面，对生态系统的三个维度：生态位、时间以及空间上都起到了作用[②]。生态系统从无序到有序、从局部到整体的发展过程实际上就是生态系统的耦合建设，相对于“综合”而言更具有协调性、联系性和整体性特点，之所以说综合的升级和提升是系统耦合不仅是因为各要素在生态系统内的协调，还有调控、磨合甚至限制。

二人并肩耕作是“耦”的原意，所以其合力加乘则为“耦合”的意思。物理学是最早使用耦合概念的学科。耦合是指在要素相互作用下，两个及以上的系统或者运动方式之间，由于良性互动而导致的彼此依赖，协调提升的关联的、动态的关系。在两个及以上电路元件、电网络的输入输出间产生的影响和紧密配合的描述上得到具体应用。譬如：用一根弹簧连接两个单摆时，震动发生在

① 郭增建，秦保燕，郭安宁．地气耦合与天灾预测[M]．北京：地震出版社，1996：1-3.

② 朱鹤健，何绍福．农业资源开发中的耦合效应[J]．自然资源学报，2003(5)：583-588.

两个单摆中的任意一方时，另一个单摆也会受到影响发生震动，两者之间的震动相互联系，产生的效果彼此起伏，所以单摆耦合即为这种彼此之间的相互作用。借此闻一知十，耦合是指某种条件下社会科学领域内的两种社会现象有机结合后发挥作用的客观事物①。

二、耦合的特点及强度

（一）耦合的特点

耦合现象的特点包括以下四个部分：第一，系统之间是相互独立的；第二，交流和联系存在于系统之间；第三，要素在系统内部是多样的；第四，相互作用和影响存在于这两个系统之间及系统内部的要素之间。

1. 关联性

耦合的形成要求系统内的各个耦合元素是相互联系的，封闭的、没有关联的要素无法满足耦合形成的要求。

2. 全局性

按照一定顺序重新进行组合的参与耦合系统的耦合元素会形成一个新的系统。

3. 多样性

耦合元素的组合有很多不同的方式，在以自然关联和信息流动自由为原则的指导及本身的自组织能力下。一共可分为七级，从低至高为：非直接耦合（Non-direct coupling）、数据耦合（Data coupling）、标记耦合（Stamp coupling）、控制耦合（Control coupling）、外部耦合（External coupling）、公共耦合（Common coupling）、内容耦合（Content coupling），耦合性越低则表明模块间的独立性越强。

4. 和谐性

当耦合系统中的各要素在打破原有系统的基础上重新进行组合后，会形成

---

① 曹惠民．基于耦合理论的城市基层社区治理研究[J]．探索，2015(6)：93-97.

一个合作协同，良性、优势互补的新的要素系统。耦合的关键是旧系统界限的打破和旧系统束缚的解除，其原则是要素自然关联的保持和信息流动的自由。

（二）耦合的强度

1. 独立耦合

两个不存在直接联系、完全独立的模块之间是耦合程度最低的一种——独立耦合。其唯一联系是属于同一个软件系统或者拥有同一个上层模块。

2. 数据耦合

两个模块彼此之间交换数据称之为数据耦合。比如，一个模块的输入数据是另一个模块的输出数据，或调用另一个模块时一个模块带参数，参数又从下层模块中返回。总而言之，数据耦合具有一定的积极意义，在任意软件系统中都是不可避免的。数据的产生、表示和传递是所有功能实现的条件。数据耦合是松散的耦合，模块之间有较强的独立性，联系程度也较低[①]。

3. 控制耦合

控制耦合是指在调用的过程中，模块之间进行传递的是控制参数而不是数据参数的关系。与数据耦合相比，控制耦合间的联系更加紧密，属于中等程度的耦合。控制耦合的存在并不是必须的。模块内部存在多个功能或内部有多个并列的逻辑路径的证明时，控制信息作为输入信息被调用模块所接受。因为是从多个功能中进行所要执行部分的选择，所以控制耦合完全是可以避免的。

4. 全局耦合

公共环境耦合，或者是数据区耦合是全局耦合的别称。同一数据模块内有多个模块进行访问时，这之间的关系即为公共耦合。共享的数据区、内存的公共覆盖区、全程变量、物理设备或者外存上的文件等都可以是公共数据。公共耦合在数据大量共享、参数传递不方便时可以使用。耦合程度的强弱与共享数据区的模块数量、数据区的规模呈正比，数量越多、模块越大耦合程度越强。

---

① 陈小辉，邓杰英，文佳．浅谈软件的可维护性设计[J]．华南金融电脑，2009，17(3)：78-79.

公共耦合最弱的形式之一是：两个模块共同使用一个数据变量，一个模块仅向里面写数据，另一个模块仅从里读取数据。

5. 内容耦合

耦合程序最高的一种形式是内容耦合，当某一模块的内部代码或者数据被另一模块直接访问时就会出现。模块的独立性和系统的结构化会被内容耦合的存在所破坏，产生不可预测的恶劣后果，互相纠缠的代码，错综复杂的运行以及程序在动态结构和静态结构中是不一致的①。

三、协调度

不同系统之间耦合协调发展程度是通过耦合度与耦合协调度来量化系统间的耦合协调情况去反映的，在蒋天颖(2014)，王伟(2016)，唐未兵(2017)，赵传松(2018)学者的研究中提出，系统内子系统或要素之间彼此相互影响与作用的强弱程度可以用“耦合度”去衡量，序参量是在系统内部由无序走向有序的协同作用的反映。刘春林(2017)认为“协调度”作为多个系统与要素之间保持健康、稳定发展的基础，可以是系统与耦合要素之间的良性循环关系的体现，也可以是系统要素从杂乱无章到和谐共进的趋势的表现，也可以对系统之间与系统内部各要素之间的和谐一致程度进行度量②。杨梅焕，曹明明(2007)提出双方相互作用程度的强弱是耦合度反映的主要内容，因此难以对系统之间互动的良性特征进行评价，协调状况的好坏程度是由耦合度基础上的良性程度来体现的③。

学术界对耦合度与协调度的科学划分，目前尚无统一的标准，根据对诸多学者的研究成果的参照和之前的研究经验，本书中的研究与实际研究也正相结合，划分为 4 个层次的耦合度与协调度，具体见表 2. 1。

---

① 王琦. 产业集群与区域经济空间耦合机理研究[D]. 东北师范大学，2008.

② 刘春林. 耦合度计算的常见错误分析[J]. 淮阴师范学院学报(自然科学版)，2017，16(1)：18-22.

③ 杨梅焕，曹明明，雷敏. 陕西省经济发展与资源环境协调演进分析[J]. 人文地理，2009，24(3)：125-128.

表 2.1 耦合度协调度类别等级表

耦合度取值	耦合等级	特征	协调度	协调等级	特征
$0<C\leq 0.3$	低强度	相互关联性不强	$0<C\leq 0.38$	低度协调	协调度低
$0.3<C\leq 0.5$	拮抗(中强度)	相互关联性增强，同时产生抑制	$0.38<C\leq 0.48$	中度协调	基本协调
$0.5<C\leq 0.8$	较高强度	系统进入良性耦合	$0.48<C\leq 0.8$	良好协调	较协调
$0.8<C\leq 1$	高强度耦合	良好共振，共同促进	$0.8<C\leq 1$	高度协调	协调共生

第四节　核资源开发与利用研究现状

一、核资源开发利用

关于铀资源勘探、开发的相关研究，早在 2005 年 6 月国际原子能机构(IAEA)举办的“核燃料循环的铀生产和原材料—供应和需求、经济性、环境和能源安全国际专题大会”上，就收到了多篇在铀矿地质和铀矿勘探等研究主题上的参会论文，而根据 Ganguly(2005)，肖新建(2010)统计发现目前全世界铀矿床的勘探主要集中在不整合面型铀矿床和砂岩型铀矿床部分。

核能发电在燃料消耗、产出能量以及环境污染等方面的显著优势，使得核能发电成为电力资源发展的重要选择，能够有效地保障经济的发展。核电发展过程中表现出的问题也引起现今不少发展核能国家的关注。如何扩大核能发电规模以及采取相应措施和建立有效应对机制去应对能源危机、电力资源不足等问题是今后核资源开发过程中亟需解决的重点。作为当今世界电力能源供应的主要力量之一，安全性与经济性问题一直是核资源开发所面临的主要矛盾与风险①。学者马智胜提出以核资源开发的技术过程为研究主线，以循环经济基本原则与理念为理论基础，分别从技术、经济及环境安全的角度对我国核资源开发不同阶段进行剖析，总结归纳了我国核资源开发过程中的“循环不经济”现象，提炼了我国核资源开发与循环利用的技术与经济路线，指出了我国核资源开发与循环利用的制度建设与管理创新方向，提出了我国核资源开发的未来路径选择及发展的总体战略思路②。

核能作为发展新能源产业的重要领域之一，学者廖晓东，陈丽佳，李奎

---

① 张乃丽．日本核电力资源开发的特点及问题[J]．现代日本经济，2007(4)：12-16.

② 马智胜，孟召博．基于循环经济的矿产资源价格经济学分析及创新研究[J]．企业经济，2014(4)：33-36.

(2013)从全球视角分析了核能产业与技术发展的现状及趋势，通过对比发现了中国在发展核能产业与技术上的不足，从技术研发政策、核安全、法律法规、人才培养、税收优惠、金融支持、核燃料保障、乏燃料后处理以及核退役等方面提出具体的政策建议①。

二、核资源开发利用与环境保护相关研究

环境问题作为经济发展过程中的伴生问题，电力需求的迅速增长和对清洁环境的追求使得人们意识到核电作为清洁能源的广阔前景。张坤民(1994)在分析世界核电与我国核能资源发展现状时，总结了核能发展对环境的影响和辐射环境管理措施，对核能的发展前景及对环境的影响进行预测，提出解决能源危机的同时，保护好生存环境平衡②。核能事业的快速发展产生的科学技术也应用于生活的各个领域之中，核辐射技术对污水、废水的处理极大程度上保护了生态环境③。方鹏(2017)通过对新兴的核辐射技术在环境中的应用情况进行分析，正确地认识了核辐射的应用④。

三、生态环境系统

工业化、城市化的不断推进与社会经济的高速发展，加深了与生态环境保护间的矛盾，人们意识到不可持续的生产模式和消费模式，将会使人类的生存和发展面临严峻挑战；如何解决保护生态环境与促进经济发展之间的深层次矛盾也成为建设和谐社会的重要内容。探索能够协调生态环境系统与社会经济发展的方式与道路，成为减少经济运行对生态环境系统承载能力的压力、保护自

---

① 廖晓东，陈丽佳，李奎．“后福岛时代”我国核电产业与技术发展现状及趋势[J]．中国科技论坛，2013(6)：52-57.

② 张坤民．中国的核能与环境[J]．环境保护，1994(2)：2-3.

③ 苏永杰，姜维国，邵海江，等．核能利用与环境保护[J]．能源环境保护，2006(4)：16-19.

④ 方鹏．核辐射技术在环境保护中的应用[J]．资源节约与环保，2017(9)：71-72.

然资源以及减少环境污染的重要途径①。

从新兴古典经济学的角度出发，张效莉、王成璋、王野(2007)对经济系统和生态环境系统最优决策模型的建立，总结得出了存在于环境效益、经济效益与外生交易费用之间的正相关关系，提出经济系统与环境系统效益的提高，并达到两大系统的双赢与可持续发展的有效途径是增加外生交易费用②。水生态环境作为包含着众多影响人类社会生存和长远发展因素的生态系统，具杏祥、苏学灵(2008)等通过系统的分析水利工程建设对水生态环境系统的影响，建立了水利工程建设与水生态环境系统环境影响的识别体系，促进水利事业的健康发展的同时，更好地认识到水生态环境系统③。生态环境系统作为独立的系统，与社会、经济彼此之间相互影响、相互作用，互为基础。刘兆顺、李淑杰(2010)两位学者根据生态环境建设与经济社会发展的相关数据，以经济社会与生态环境系统运动的特征及控制机理分析为依据进行研究，总结提出，经济发展对资源环境依赖的加大增加了协同发展难度的同时，也对中国社会经济与生态环境可持续发展产生了深远的影响④。

在可持续发展目标之下，技术进步、经济增长与生态环境之间成为一个相互制约、相互关联的三元系统，技术进步推动经济发展的同时，也耗费着大量的自然资源，带来生态环境污染的问题。王晓红、潘志刚(2011)学者通过建立三元系统，认为实现技术进步、经济和环境系统的协调可持续发展的前提条件是实现一定的技术进步速度，能够消耗更少的经济资源，同时会带来较小的生态环境冲击⑤。同样的，对于区域生态环境与产业结构之间得相互作用与协

---

① 王立群，邱俊齐．试论生态环境系统与社会经济系统协调发展的可实现性[J]. 北京林业大学学报，1999(1)：3-5.

② 成桂芳，潘军．论生态环境系统与社会经济系统的协调发展[J]. 华东经济管理，2000(6)：79-80.

③ 具杏祥，苏学灵．水利工程建设对水生态环境系统影响分析[J]. 中国农村水利水电，2008(7)：8-11.

④ 刘兆顺，李淑杰．区域经济社会与生态环境系统稳定性分析模型与应用研究[J]. 软科学，2010，24(4)：76-78+82.

⑤ 王晓红，潘志刚．技术进步、经济、生态环境系统关联与优化分析[J]. 生态经济，2011(6)：48-51.

调性发展综合评价体系的建立，魏勇(2011)总结出地区经济的发展有助于地区环境的改善，生态环境的变化同样作用于经济发展系统的增长①。刘永萍、王超(2012)两位学者发现指定区域发展过程中存在不协调性问题，提出转变经济发展方式、促进环境保护发展，把加强生态建设和环境保护放在突出重要地位，以实现产业结构变迁与生态环境系统的协调发展②。

生态与经济相互协调作为可持续发展的核心，两者通过积极与消极作用联系在一起，经济活动是以生态环境为基础，而生态环境又受到经济活动的副产品影响。协调区域经济的发展与生态环境的关系成为可持续发展的重要任务。王倩楠、冯百侠、陈金(2013)三位学者以京津冀地区为例，设置了地区城市生态环境系统指标体系，从结构、功能、协调性和综合层次分析了生态环境系统的建设能力，对唐山地区生态建设经验提出了建议：加大资源保护力度，推动资源环境的可持续性发展③。丁浩、宋琛(2015)两位学者则通过对山东地区时间序列数据的研究总结地区环境与经济的制约关系，环境对经济产生的负效应，以及短时期内的环境治理无法立刻反馈于经济等，提出对环境治理的长期坚持，维护好两个系统之间的协调发展状态，而三峡库区作为复合生态环境系统，其对环境、经济、社会的协调持续发展具有重大意义④。库区产业结构影响着当地环境—经济—社会复合生态系统实现耦合协调的发展。黄磊、吴传清、文传浩(2017)三位学者则通过模式分析与预测，客观刻画三峡库区EES系统协调发展的现状、特征与演变趋势，进而提出促进三峡库区EES系统协调发展的对策建议，推进库区“三化”进程，修复薄弱环境系统，带动并实现整

---

① 魏勇. 区域生态环境系统与经济发展的协调性研究：重庆市1999—2008年例证[J]. 西南农业大学学报：社会科学版，2011，9(3)：1-6.

② 刘永萍，王超. 新疆产业结构变迁与生态环境系统协调性测度分析[J]. 石河子大学学报(哲学社会科学版)，2012，26(2)：6-9.

③ 王倩楠，冯百侠，陈金. 京津唐地区生态环境系统建设能力评价[J]. 河北联合大学学报(社会科学版)，2013，13(2)：42-44.

④ 丁浩，宋琛. 区域经济与生态环境系统动态耦合及响应过程研究[J]. 河南科学，2015，33(2)：297-303.

体的可持续发展①。

生态环境系统的建立并未形成与之成果和进度相对应的评判标准，建立模型成为分析经济发展与生态环境协调度的方式之一。孙淑生、张刘卫（2017）两位学者基于模型建立分析体系，对两者的静态协调度进行研究，说明生态环境与经济的协调发展趋势，给出当生态环境的改善已不能完全满足区域经济的可持续发展背景下的建议，应减少环境污染，坚持走绿色环保路线②。郝立丽、李凌寒、张滨、陈彦冰（2020）四位学者运用耦合分析模型对不同时期下黑龙江省林业发展变化规律：林下经济滞后型、短暂同步发展型、林下经济超前型和同步发展型做出分析，得出良好的生态环境对林下经济发展的推动效应和盲目发展经济的制约影响，提出确立生态优先、合理开发的指导思想，坚持特色发展、科学规划的基本原则，规范林下经济运行，主动打造和引导林下经济与生态环境的良性互动③。

---

① 黄磊，吴传清，文传浩．三峡库区环境——经济——社会复合生态系统耦合协调发展研究［J］．西部论坛，2017，27（4）：83-92.

② 孙淑生，张刘卫．湖北省区域经济与生态环境系统协调度分析［J］．人民长江，2017，48（17）：16-19+33.

③ 郝立丽，李凌寒，张滨，陈彦冰．黑龙江省林下经济与生态环境系统耦合协调发展研究［J/OL］林业经济问题：1-8［2020-12-06］．https：//doi. org/10. 16832/j. cnki. 1005-9709. 20200053.

第三章

核资源开发利用与生态系统耦合协调分析的理论基础

资源开发是经济发展的基础，核资源作为一种不可再生资源，可持续发展要求对核资源进行合理的开发。现如今，社会对资源的需求与利用在深度与广度上不断扩大，由此引发的环境问题日益突出。因此，研究资源开发与生态系统耦合的现实意义非常重大。环境经济学理论、生态经济学理论和资源开发政府管理理论为核资源开发利用与生态系统耦合协调分析提供了理论基础，本书将基于这三个理论进行分析。

第一节　环境经济学理论

一、自然资源稀缺性理论

自然资源是人类社会赖以生存与持续发展的物质基础。近年来，由于人口、资源、环境带来较大的压力，对我国经济发展造成了一定的影响，并出现了能源短缺、原材料价格飞速上涨、资源进口数目激增等现象。地区间相互依赖程度在经济全球化背景下日益加大，故中国经济保持平稳快速发展的关键是要统筹利用国际和国内两个市场、两种资源。要对世界资源进行充分的开发利用，需要对世界资源与中国资源的关系进行比较分析，从而确立我国可持续的资源战略和资源体系，以确保国家在对外开放过程中能够扬长避短、趋利避害，维护未来发展的资源安全。

在马尔萨斯对自然资源稀缺性研究的基础上，罗马国家俱乐部延续马尔萨斯人口论思想脉络发表了《增长的极限》，建立了基于资本、人口、不可再生资源、食品和环境污染等因素的全球分析模型，并提出全球将在20世纪末21世纪初达到增长极限。持不同观点的乐观派通过对历史经验推论得出技术增长的无限性，并认为技术进步能解决人类社会历史上遇到的所有资源问题，因此也能解决人类现在面临以及未来即将面临的所有资源环境问题①。这两种不同派别的争论也说明了从20世纪60年代开始世界对自然资源稀缺问题的关注重点转移了，从关注经济增长的自然极限向关注资源稀缺的社会经济含义再到关注可持续性转变。

资源稀缺性的衡量指标尚未明确，很大程度上是对自然资源稀缺是否日趋严重问题争论不休的一个的主要原因。衡量自然资源的稀缺程度常用储量、产量、消费量等数量指标，但数量指标的衡量并不是准确的，在精确度上还存在着值得商榷的问题。在理论上，价格被大多数新古典经济学家认为是资源稀缺性的理想衡量指标。巴奈特(Barnett)等通过单位开采成本对美国1870年到1957年间森林、农业、矿业、渔业的稀缺性进行了分析，并发现除森林资源之外的其他自然资源的稀缺程度没有加剧。也有一些其他学者更倾向于认为产出价格来衡量稀缺性更可靠。霍尔沃森(Halvorsen)等则通过对1956年到1974年加拿大的金属采矿业的分析得出开采矿石的影子价格显著下降的同时产出的价格却略有上升的结论，据此提出未开采资源的稀缺性不适用于用产出价格来衡量。此外，也有学者提出采用能源投资回报率(EROL)来衡量能源资源的稀缺性，如克利夫兰(Cleveland)。特恩(Stern)则认为“交换的稀缺性”即资源的交换价值可以用价格和租金来衡量；而“使用的稀缺性”即商品的使用价值可用单位成本等指标衡量。总的来说，单一的度量指标衡量都具有一定的局限性。因此，想要准确地衡量自然资源的稀缺程度不能只用一种单一指标。

在中国，自然资源虽数量丰富、种类繁多，但面临着空间上分布具有差异性、人均拥有量较少以及结构不占优等问题。对于中国自然资源的稀缺程度以

---

① 张林波，李文华，刘孝富，等．承载力理论的起源、发展与展望[J]．生态学报，2009，29(2)：878-888.

及对经济发展的制约，已有学者进行了不同角度的探讨，美中不足的是现有研究中对于中国自然资源禀赋的评价大多都是采用储量等数量指标，相对简单，较少涉及对中国自然资源稀缺性的系统分析。目前自然资源的稀缺程度还尚无相应的方法能够准确地衡量，为了尽量准确地代表自然资源的稀缺性，只能采用一些方法和指标尽量接近实际，对中国自然资源稀缺性进行系统的科学的分析是现在研究中比较欠缺的一部分。

伴随着经济全球化的发展，涌现出资源的流动和新的资源配置。单纯地考虑国内自然资源的状况来衡量中国自然资源的稀缺性已经不够全面且准确了，需要将中国和世界自然资源的消耗量以及丰裕度进行综合比较。当国际市场铀矿石价格下跌，我国可以充分利用和依赖国际市场，大量从国外购买相对廉价的铀矿石，相应的减少国内铀矿资源的开采，保护铀矿作为国家重要战略资源的储备量。另外，随着国内对生态环境的重视程度日益提升，基于环境规制的日益严苛，铀矿资源的开采与加工相应的成本会上升，导致成本曲线向上移动，进而导致铀矿的合理开采区间缩小如图 3.1 所示。

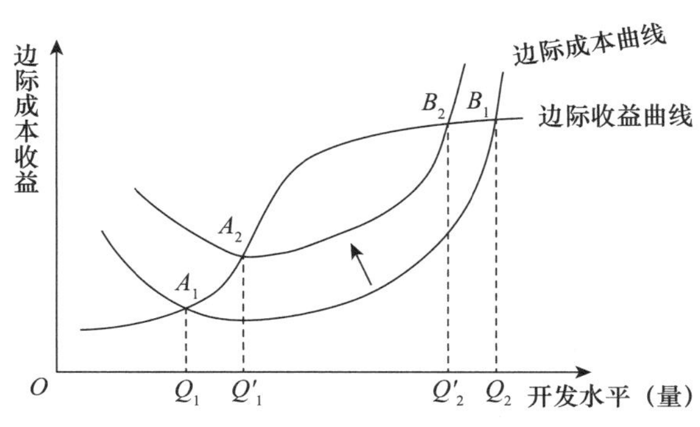

图 3.1　铀矿开采边际成本与收益曲线

二、环境价值理论

（一）价值的内含

传统价值理论衍生于经济学，并与之同步发展。英国古典经济学最早提出价值理论，商品价值来源于人类的劳动这一观点由威廉·配第首次提出，随后“实际价值”这一概念被斯图亚特提出。在近代经济的发展中，奥地利学派以及马歇尔的均衡价格理论对价值理论进行了补充和完善。

传统的价值理论同经济学共发展是传统价值理论的问题所在，因而只对人有关的经济发展关注较多而对此以外的自然生态系统和自然资源不甚关注，所以在实际经济发展中就出现了许多问题。以人类为中心的价值理论亟需改变，正确的价值理论需要将整个地球包括地球上的人类和自然为整体考虑，让经济发展的可持续性建立在生态经济系统的可持续发展的基础上。

（二）环境价值理论内含

环境资源价值统称为环境价值，是结合马克思的劳动价值理论和西方效用价值理论建立而来的。人类的生存与发展以及享受是由环境提供所需的物质性产品和舒适性服务，因此环境是有价值的。

环境价值能够体现在它对于人类的有用性上，而环境价值的大小程度取决于它的开发利用条件以及自身的稀缺性（体现为供求关系），环境价值的影响因素还包括不同的品种、地区、质量、丰度和时间。由前文可知，环境价值可以归为有形的资源价值即有形物质性产品的价值以及无形的生态价值即舒适性服务价值。具体来说，资源价值等于资源的实物量乘于价格。资源价值由租金和预期收益资本化定价法确定，包括天然形成和社会投入。

（三）环境价值分类

1. 环境的个体价值与整体价值

对于环境的个别价值可以从两个方面进行描述，一是区域环境不同的替代作用（针对生活其中的人类及各种动植物的生存和繁衍）；二是区域环境在不同空间层次上具有不同意义的价值。关于环境的整体价值，在概念上有一定的抽象性，一般来说是指环境整体以及组合形式对于人类与生物而言的价值。

2. 环境的显性价值与隐性价值

当前我国“产品高价、原料低价、资源无价”的扭曲体系，正是因为对环境的显性价值的长期忽视所造成的。所谓环境的显性价值就是指主要涉及人类经济活动能直接作为生产要素的各种自然资源。环境的隐性价值主要是指有时在生产过程中必不可少但并不作为直接生产要素介入生产过程的环境要素价值。

3. 环境的使用价值和非使用价值

环境的使用价值可以进一步划分为直接使用价值、间接使用价值和选择价值。如矿产资源等直接进入消费和生产活动中的那部分环境资源的价值就是直接使用价值。间接使用价值则是以非直接、间接的形式进入消费和经济活动中的那部分环境资源的价值，比如生态功能、水资源等。选择价值是为了后代对资源环境的使用，当代人对环境资源选择的意愿支付①。环境的非使用价值，也被称为是环境的存在价值，指的是能满足人类精神文化、道德需要的环境价值，也就是人类发展中有可能利用到的部分环境资源的价值，如濒危物种、美丽风景等。

（四）矿产资源价值理论

1. 矿产资源的使用价值和价值形成

矿产资源的使用价值来自其本身拥有的自然有用性，但这种使用价值并不是现实的、社会的，而是一种可能的潜在使用价值。如要转变矿产资源的潜在使用价值为现实的、社会的使用价值，需要将人们的劳动转化为社会物质资源的生产要素，也就是劳动要素资料或者说是劳动对象要素。

在这个环节中，自然有用性和劳动这两个要素，缺一不可且不能分割。与此同时，因为存在劳动耗费问题，所以劳动所得的效用即使用价值需要抵偿其耗费，也就是说需要有足够充足的自然效用。

由于矿产资源自然赋存状况十分复杂，要了解矿产真实的自然丰度，离不开大量的数据和投入较多的劳动，当清楚矿产资源的实际丰度之后，需要对比其效用与劳动耗费量，若劳动耗费量超过效用，则需要停止劳动，不再投入。矿床的现实使用价值在这种情况下就无法形成。

失去了使用价值也就失去了形成价值的可能，在经济上只能作为一种风险

---

① 吴丹丹．乳源县农村居民参与乡村环境保护的意愿分析［D］．仲恺农业工程学院，2018.

损失进行处理。由此可以推导出：当矿产的自然有用性与人类劳动相互结合，并且所得效用能抵偿劳动的消耗量时，矿产资源才能实现现实的社会价值。

2. *矿产资源的价值分类*

矿产资源属于自然资源，在未经过人类劳动进入社会、完全天然存在的情况下，是不存在价值的。矿产资源的使用价值来自自然力和自然有用两个要素。

一是矿产资源的勘探价值。作为地下资源，矿产资源是赋存于地壳内的自然界内的物质富集物。当人类对资源没有概念并且未进行利用时，资源就只具有潜在的天然物质上的概念。当人类对地质进行勘探活动后，当掌握了相关的数量、质量、空间具体位置、开采条件等资料后，并获得矿场储量的报告，矿产资源的现实价值便得以显现；同时，数学模型也可以用来计算这个价值量。自然界赋予矿产资源的存在形式及物质特性，通过劳动工作被人们了解和认识。

人们通过勘探工作认识矿产资源并计量其价值。若缺少有目的的探测工作，因矿产资源的隐蔽性和分布非均衡性，矿产资源的开发利用工作将无法进行。因此，地质勘探劳动是矿产资源形成自然价值的途径。

二是矿产资源的自然价值。矿产资源与土地资源是由长期的特定地质条件所形成，所以既有能给土地所有者带来地租的纯粹自然属性的土地物质，也有能给土地经营者带来利息或利润的各种劳动，即与土地资本相似，同时也应对矿产资源物质和矿产物质资源这两种要素进行区分。自然价值主要表现为相对价值与绝对价值两个方面。相对价值主要由自然丰度、矿产资源的开采条件及经济地质自然灾害条件等差异所引起的，同土地的极差地租相类似；绝对价值则类似于土地的绝对地租，是由矿产资源的有限性、垄断性所产生。

矿产资源的价值中包含着其耗竭性、差异性和稀缺性等特点，也正是这些特点(有用性和稀缺性)加快了人类对矿产资源的占有、开采和使用，由此，矿产资源的所有权和开采使用权便产生了。相对于有限寿命的人类和人类发展史，矿产资源属于长期的地质作用下不可再生的物质资源，资源的有限性决定了随着开采次数的增多资源将面临枯竭的局面。所以，如果对矿产资源开采者不缴纳一定的采矿费用，将很快面临枯竭的命运，这些费用就是与矿产资源耗竭的绝对地租(或称资源的绝对价值)相抵偿。矿场的相对价值形成原因在于，不同矿产资源物质质量会形成不同的矿业级差收益。同类矿产资源在不同地区的质量存在显著的差异，即使劳动与资金同量地投入到同类矿产资源中，产出的矿产品的数量和质量是不同的。矿产资源的品质、品位和易采性决定了开采后的矿产品的数量与质量。所以，在扣除矿产品所得的生产费用后，采矿企业会根据资源不同的丰度、位置和品位形成的不同超额利润(矿产级差利润)，使之成为资源的总价值中的一部分。

矿产资源的特殊性决定了矿产资源的开采势必会对环境造成影响。对赋存于地下的矿产资源(如铀资源)进行开采，就会给地表的植被及生态系统(如对地面水质、地下水系、空气、生态物种等)产生不同程度的污染和破坏。特别对于像铀这种本身还具有很大的危害性的资源，对环境的影响就会更加严重，环境被破坏后需要彻底地恢复，才能重返之前的轨道，进行正常的生产，这就意味着，环境的牺牲在获取矿资源收益中是难以避免的。环境的损失价值也就是为了恢复环境需要投入的人力、物力价值是需要计算入矿产资源的价值中的，它也是矿产资源价值组成的一部分。

3. *矿产资源价值量的确定*

由于人类认识与勘探工作的劳动会影响其资源价值，所以过去耗费到矿产资源中的必要劳动时间并不是决定其价值量的依据，真正的价值量是以现在认识和勘探矿产资源所需要的必要劳动时间决定的。科学劳动的范畴中包含着矿产资源的认识劳动，且其劳动价值量巨大。

当人类已经掌握了矿产资源的信息，再去勘查探测所发现的矿产资源价值时，仍然将以前所有认识矿产资源的科学劳动计算入内就与实际情况不相符，对于开发矿产资源的企业来说，这种做法也不会被接受。对于科学劳动这一说法的认识，要清楚并不是矿产资源后续开发利用实现的价值完全补偿。但对矿产资源的价值进行衡量时，彻底将人类认识矿产资源时所付出的科学劳动的补偿忽略是不现实的，如果要得到这种补偿就必须对包含资源开发利用的生产部门在内的社会各个生产部门一同补偿。

科学劳动和勘查活动是部分已经认识的矿产资源价值的主体部分。详细地说，就是部分认识矿产资源的科学劳动和勘查活动是其价值的决定因素，其他因素(如供求状况、品位、稀缺性和埋藏条件等)无法决定其价值。由于勘查劳动量的影响，会存在与现实不符的问题，主要原因在于同类产品具有不同的品位与矿产资源所导致的勘探劳动差异。具有优势的地理位置且品行好、埋藏条件好的矿产资源，由于勘探劳动较少导致价值量较少；而对相反条件的矿产资源，它的价值量就会更高。

三、外部性理论

(一)含义

外部性理论是新古典经济学理论，主要是对经济主体在经济活动中的经济行为对外部其他事物或人产生的影响进行分析研究。

外部性(Externality)是指在没有市场交换的情况下，某个人或厂商对其他个人或厂商的福利造成的直接、非故意的单方面影响。这里"直接地"排除了通过价格变化传递的影响。通过价格变化传递的影响可称作货币外部性(Pecuniary Externality)，如一家大企业的迁入可能抬高区内土地的租金，从而影响其他租地者的福利。货币外部性不会产生市场失灵问题，相反由于货币外部性的存在，市场机制才能够正常运行，资源的有效配置才能实现。"非故意"排除了恶意伤害他人利益的情况。"单方面"是指缺乏市场交换，行为效果不能通过价格传递，行为的私人成本(收益)和社会成本(收益)不一致。"单方面"的行为导致了市场非对称性(Market Asymmetry)的出现，行为效果外溢，行为人不承担行为的完全成本(或不享受行为的完全收益)。

(二)外部性分类

1. 从影响效果上，外部性可以分为外部经济(正外部性)与外部不经济(负外部性)

外部经济是经济主体进行生产或消费时，使其他人获益但无法向他人收取回报的情况。外部不经济是经济主体进行生产或消费时，使其他人利益受损但无需向他人进行补偿的情况。如，建造的私人花园无法向路人收取费用，但却给路人带来美的享受，外部经济效果就由此产生。外部不经济效果如建筑工地的噪声与灰尘影响了周围居民的生活，但居民并不能得到补偿的现象。在新的历史时期，外部不经济是环境领域研究的重要课题之一。

2. 从其产生领域上，分为生产外部性及消费外部性

生产外部性是在生产活动中产生的，同理消费外部性是在消费过程中产生的。

3. 从产生的时空上，分为代内外部性和代际外部性

代内外部性一般是考虑资源是否配置合理；代际外部性一般是指存在于人类代际间行为的相互影响，也就是当代人要在考虑消除对后代人影响的基础上进行发展，这种分类源于可持续发展理论。

4. 从稳定性上，分为稳定的外部性与不稳定的外部性

人们能掌握的外部性并且能通过各种方式将其外部性内部化则成为稳定的外部性，当前研究的重点及大多文献所分析的都是这类外部性。不稳定的外部性则是外部性中包含了不可控的因素，例如科技进步带来的不确定性。

5. 从方向性上，分为单向的外部性和交互的外部性

单向外部性指的是由单一的一方向单一的另一方产生的外部性问题。交互的外部性是指由多个对象参与、产生了交互效应的外部性。如，存在多个企业对生态环境造成不良影响，并且每个企业间都存在对另一方的外部不经济。

6. 从产生的前提条件下，分为竞争条件下的外部性与垄断条件下的外部性

不同条件下的外部性是不同的，鲍莫尔提出在两种条件下——竞争条件和垄断条件的外部性问题是不同的，垄断条件下的外部经济或不经济在竞争条件下就不一定如此了。

7. 从根源上，分为制度外部性与科技外部性

在新制度经济学中，外部性与制度及产权变化联系起来，将外部性纳入制度分析中。制度外部性的主要产生原因是社会责任及权力不对称。它具有三个含义：首先，因为制度的公共性导致其外部性产生较易；其次，制度的变迁会产生外部性；最后，由于制度的限制，经济个体由于缺失自我谈判机会或资源谈判成本高的问题导致收益与成果不匹配，故此存在外部性。

（三）对资源开发的影响

环境资源利用存在广泛的外部性。按照西方经济学的观点，环境问题就是因生产、消费等社会经济活动造成的负外部性的后果。作为市场微观主体的企业和个人，在获利动机的驱使之下，在生产经营活动中只计算对自身利益产生直接影响的成本和收益，不考虑其活动造成的环境成本代价，有时甚至将环境成本转嫁给他人和未来，造成单个市场主体的成本和收益与社会成本和收益不一致，出现环境负外部性，这是产生环境问题的重要经济根源。污染是经济活动中典型的外部性现象。具体对资源开发的影响由以下几个方面：

1. 资源开发速度过快

当前，资源在我国经济由高速增长阶段转向高质量发展阶段上需求量递增、开发速度较快，而当存在外部性时，资源开发速度会进一步加快。过快的开发速度主要表现在两方面：第一，衡量资源价值并不能给出准确的估算。资源的开发速率、替代条件、交换尺度、使用情况等受到资源价值的影响，并且逐步影响资源市场的运行与整个国民经济的形势。因此，对于资源价值的准确估计非常必要。在实际生活中，缺乏相应操作，甚至出现为了短期利益，无偿转让开发的现象。当市场规律为低价优先，就会伴随着低转换率与浪费问题，破坏性开采就是其中的典型。并且，无法生成竞争性的替代品，新生资源不易开发也不易进入市场化体系，资源会保持加速耗竭，不可持续利用也会产生。第二，高开发评价贴现率。贴现率的大小对开发速率有直接影响，是资源开发的重要指标，它直接决定矿产资源开采现在与未来之间的分配。投资者受外部性的影响有先获得收益后承担费用的时间偏好，在资本机会成本上考虑偏向尽快收回投资。

2. 资源过量开发，开发效能低

资源开发量的确定需要由最佳经济均衡点确定，并由资源成本、产出效益综合决定。机会成本、社会效益、社会环境成本等都属于成本效益的范畴。一般来说经济发展水平与开发量要相适应，但因为外部性的问题，会出现开发过度现象。外部性的存在使开发者只会考虑社会成本中的市场化成本，也就是将市场化成本作为了整个成本的构成，却无法产生对应的经济和市场化的影响与作用。也就是说，资源在开发过程中只将开采成本为主的投入作为成本进行考虑，与实际成本相差较大，严重低估实际成本。

资源后续以及合理应用的研究需要加强并且具有重大深远意义。撇开法律政策和技术水平的因素，从深层面来说，提升资源开发效能的障碍主要是外部性带来后续和综合利用中存在的投入与回报不对等。资源的利用开发是一种市场化的经济行为，经济行为的核心就是追求利益最大化。进行提升资源的开发效率，需进行后续和综合利用，而这与直接开采矿产资源的收入回报类似，但成本却相差较多，并且有一定的技术难度，也不存在规模优势。在降低环境机会成本、改善资源使用情况、减少环境破坏等方面，提高开发效能显示出了回报率，但由于外部性的原因，开发者无法得到这些回报带来的好处，更无法用经济形式来追加，经济效益无法产生。

3. 生态补偿机制不够健全

资源开发生态补偿机制的设立，根本目的是使资源开发更合理有效、发挥最佳效能，争取可持续开发。为了有效地保护生态环境，促进生态文明建设，协调好国家、地方、资源所在地居民等利益相关者的关系，通过经济平稳促进社会和谐。然而，外部性的存在让补偿机制的效能没有正式发挥作用。若未能发挥有效作用，经济发展的难度加大，面临着资源瓶颈、经济发展稳定性不强且生态破坏程度加重的情形。在我国努力向经济大国和经济强国迈进的高质量发展时期，这无疑是个巨大的隐患，不但可能重复其他发达国家的老路，还会延长类似发达国家成长的进程。所以，在当今资源日益耗竭和资源依赖性增强的问题下，去实现飞跃和突破十分困难，并且很难持续。

(四)外部性的内化

外部性的存在使环境不能得到有效保护、社会资源不能实现有效配置，因此需要通过一定的手段将外部性内部化。从不同的角度出发，有多种方案可以实现这一目标。

1. 庇古税

最早讨论消除外部性的是经济学家庇古(Piguo)。他认为当工厂排放烟尘引起外部性时，工厂应对外部性负责，对工厂征收相当于社会成本和私人成本之差的税能够将外部性内部化。在环境问题上应用庇古税的代表是排污税（费）。

对污染排放征税是实现污染控制目标的标准手段之一。排污税旨在消除由污染损害造成的私人成本与社会有效成本间的差别，通过税收的调整使私人成本接近于社会有效成本。当污染控制的目标是实现有效的污染水平时，对每单位污染排放征税将环境成本应等同于有效污染水平所对应的边际损害的货币价值。通过征税引导污染者将环境成本纳入私人成本—费用函数，使污染者的决策建立在所有相关成本，而不仅仅是其私人成本之上。这样，利润最大的污染水平将与社会效率所要求的污染水平相一致。

2. 私人谈判

虽然从理论上讲，用征税的方法可以内化外部性，但许多相关研究表明这是一个很复杂的问题。如果工厂主需要支付等于受害者损失的税额，为达到最优结果就需有一种双重纳税制度，应同时让该地区的居民支付等于工厂主（或其产品的消费者）追加成本的税。

在此情形下，人们不会留在该地区或采取其他预防措施来防止损害发生。这样做的成本将使生产者减少损害时所花费的成本。科斯反对单方面向引起污染的生产者征税的税收制度，认为这会产生过高的避免损害的成本。如果有可能不以损失为税基，而是以散发烟尘而导致的生产价值的下降数为税基征税，从理论上讲可防止过高的成本，但这要求详细了解每个污染源的相关情况，而要得到这些数据几乎是不可能的，因此，科斯认为工厂应对外部性负责的思路修改；传统方法的思路是 A 损害 B，如何约束 A，而实际上外部性问题是相互的，避免损害 B 会对 A 造成损害。真正的问题是：允许 B 损害 A 还是允许 A 损害 B，或是如何避免更为严重的损害。

按照科斯的思路，如果外部性的当事人能够而且愿意通过协商将外部性内部化，对其进行干预是不必要的。

3. 公共政策

科斯的分析假定不存在交易成本，但现实中交易成本存在，有时还很大。为了进行市场交易，有必要发现希望交易、交易的愿望和方式，再通过讨价还价的谈判缔结契约，还需要监督契约的履行等等。进行这些工作都要花费相关的成本，这就是交易成本。在很多情况下，由于交易成本的存在使私人间的协商无法解决外部性的问题，这时通过外部权利的干预，可能绕过一些高额的交易费用问题，促进外部性问题的解决。公共权力就是一种解决外部性问题的重要外部权力，因此可以通过公共政策的实施将外部性内部化。

4. 道德约束

道德约束可以将减少外部性变为当事人的自觉行动，也能将外部性内部化，特别是对生活污染源的削减，道德教化可以将减少外部性变为当事人的自觉行动。例如乱丢垃圾影响环境卫生，具有负外部性。如果每个人的道德水平都有所提高，能将“己所不欲，勿施于人”的原则应用到实际行动中，每个人都自觉不乱丢垃圾，那么大家都能享受一个更清洁的环境。

第二节 生态经济学理论

生态经济学是经济学理论中的重要组成部分。生态经济学将生态视为影响经济发展的重要因素，研究生态承载力与经济发展之间的相互关系。生态经济学是生态学、环境学、资源学与经济学充分结合的新兴学科，其理论基于生态可持续发展实践探索而形成，理论体系已臻于成熟，且形成诸多门派。

一、生态经济效益理论

（一）相关概念

生态经济系统、生态经济平衡和生态经济效益是生态经济学的基本概念，对理解生态经济学内涵具有提纲挈领的作用。生态经济系统、生态经济平衡和生态经济效益之间存在内在的关联性，但相互之间又形成两两制约关系。生态系统是社会活动与经济活动的载体，生态系统制约社会活动与经济活动的规模，影响社会与经济的发展方式，在一定程度上决定了社会与经济发展的边界；良好的生态系统能促进社会与经济发展，而遭遇创伤的生态系统则可能制约社会与经济发展。社会活动与经济活动对生态系统形成影响，而且这种影响同样具有正反两个方面。人类生产与生活必然需要从自然摄取资源，从而对生态带来外部性创伤，形成生态压力；但人类追求高质量生活而形成的技术进步、健康生活理念，会对生态环境予以主动修复，提升生态的承载力和内生力量。生态系统与经济系统，贯穿平衡到失衡，以致失衡后会重新平衡，始终处于这样的动态变化过程中，只不过这种动态变化是螺旋上升，还是螺旋下降，可能在不同区域存在不同可能。生态系统与经济系统的再平衡过程，实质是物质循环和能量转换的过程，物质循环与能源转换的效率，就形成生态经济效益。经济效益考量的是人类生产中的投入与产出关系，考量的是资本、劳动力、自然资源和企业家才能等生产要素投入后所带来的有效产品收益的增加，产出获取收益与投入程度之比越大，则说明人类生产所带来的经济效益越高；

反之，则说明人类的生产缺乏效益，生产不具有经济性，生产投入要素回报率低。

生态效益是人类经济活动与社会活动的衍生品，其基于人类活动对生态环境带来的正反两面的作用。当人们从事经济活动并产生一定经济效益的同时，各种对人们有益的自然效应也随之诞生，它主要表现为各种形式的生态系统功能改善。人类经济活动会对生态系统形成直接的创伤，但经济收益及追求高收益而形成的技术要素与生态修复资金投入，会对生态环境形成正向影响。所以，经济活动及其经济效应会对生态效益形成直接的创伤效应和间接赋值效应。当人类追求经济效应产生创伤性效应大于赋值效应时，生态效益为负；反之，生态效益为正。人类在进行生产与生活活动的决策时，对生态效益和经济效益的不同偏好，将推动生态系统与经济系统两者耦合方向与耦合程度。

生态经济效益是一种复合型效应，是经济效益和生态效益的有机叠加。这种叠加，既可能是两者正向叠加，也可能是正负叠加为正，也有可能是正负叠加为负；第一种叠加是可持续发展模式，第三种叠加属于典型的粗放式发展模式。生态经济效应既包括生产要素投入生产而带来的有形产品，也包括提升人类福祉的一些无形存在。

总而言之，生态系统与经济系统构成生态经济系统，该系统长期处于平衡—失衡—再平衡的周期性动态变化之中；而这种变化过程蕴含着物质与环境的投入与产出，进而形成不同的生态经济效益。

生态经济效益理论，就是研究如何在维持生态系统与经济系统平衡发展中，实现生态环境创伤性最小、经济系统收益性最大，实现生态经济系统的帕累托效应；换言之，生态经济效益就是在保障生态系统可持续下，实现经济系统生产边界对外拓展。

（二）生态经济评价

1. 资源评价

地球上的生态系统包括自然生态系统和人为生态系统。自然生态系统由自然力量作用而形成，其形成过程漫长且具有很强的内生性力量，如自然林；人为生态系统是人类基于生存与发展需要，人为力量形成的对自然生态系统的模仿，其形成时间短，内生性力量稍弱，如人工林。自然生态系统内涵宽泛，涵盖了诸多的子生态系统，如大气生态系统、矿产资源系统，植被生态系统等，而各子系统又由诸多相关因素有机构成。各自然生态子系统，在人力活动下会形成各自资源产品，其中矿产资源与人类生产和经济发展的关系最为密切。本书资源评价主要针对的是自然有形资源产品评价。在核算和评价人类经济活动收益和影响时，自然资源作为生产投入要素，评价其对经济收益贡献与资源消耗所造成生态压力，就显得尤为重要。在对自然资源的评价中，对自然资源产品的实物量计算与经济价值量评估是核心。一种自然资源转变成满足市场需求的产品，中间需要经过勘查、探测、评估、开采及加工等诸多环节。所以，自然资源产品的有效供给，既受自然因素影响，也受经济因素和技术条件等制约。

2. 环境评价

生态经济系统具有空间性，不同空间孕育了不同的生态特征，更是孕育了“十里不同音，百里不同俗”的人文差异；不同空间的资源禀赋差异、社会文化差异，更是影响不同空间上的经济发展差异。自然环境、社会经济环境差异，使各地区生态经济系统差异明显，而人类对系统施加的干预同样存在区域差异性，导致生态经济系统输入输出的效率出现高低有别，生态经济系统的功能和效益出现区域差异性。所以，通过对经济活动带来的生态环境变化差异进行评价，能有效帮助人们发现利用自然资源产生结果的好坏，进而为将来资源利用方式和方向调整、平衡生态经济系统，优化资源生产结构、实现经济与社会的可持续发展提供决策参考。

3. 结构评价

结构起着搭建框架的作用，一个系统的结构决定了系统内各要素间是否协调和有序，影响整个系统的功能高低和实际利用水平。对生态经济效益进行评价，其中结构评价很重要。结构评价应以生态经济系统本身的结构本质特性为出发点，探讨生态系统内部的生态结构、经济结构及技术结构的分布特征及其关联性；归纳和总结生态经济系统具有的基本特征，厘清生态结构、经济结构和技术结构的影响机制和影响程度，辩证考量三项结构的协调性。

4. 功能评价

系统功能指系统发挥的作用和系统解决问题的效率，系统功能服务于系统所追求的目标。一般而言，每个系统所蕴含的功能，存在不同类型和不同层次的差异。人类利用或开发生态经济系统，就是满足人类对美好生活的追求。生态经济系统的功能，同样应具有多样性，而生态经济系统所蕴含社会功能、生态功能和经济功能。对生态经济系统的功能评价，是以结构评价为依托，对生态经济系统的社会功能、生态功能和经济功能进行计算和评估，同时结合外部环境受系统影响的程度进行计量评价。

5. 效益评价

生态经济系统的效益评价排在最后，它是待上述评价完成后，评价生态经济系统功能对人类社会系统及人类社会密切相关的其他系统产生影响程度。效益评价的特点是借助构建合理、科学的多层次指标评价指标体系，采用合理、适当的评价方法，对生态经济系统进行多功能的分析，计量和评价生态经济系统对人类社会产生的综合效果，即评价自然资源的综合效益。

综上所述，对生态经济系统进行评价，需要对系统的资源评价、功能评价、效益评价、环境评价以及结构评价进行探讨和分析，这五个方面的评价共同构成了完整的生态经济评价体系。在生态经济系统评价体系中，资源评价是基础，功能评价是核心，效益评价是目的，环境和结构评价则围绕功能和效益评价起着补充说明的作用。这五个方面既有明显的差异，各自作用，但又互相关联，它们相辅相成地构成了生态经济评价的重要内容。

二、系统论

系统思想影响人类经济活动的开展与成效。系统论最早由生物学家贝塔朗菲在20世纪初提出，它与控制论、信息论并称为老三元论。系统论致力于从不同侧面揭示客观事物的本质联系和内在运动规律。贝塔朗菲认为，“系统就是指由一定要素组成的具有一定层次和结构、并与环境发生关系的整体”。正如哲学家邦格所说的名言：“所有具体事物不是一个系统，就是一个系统的组成部分”。系统论核心思想，是揭示事物间的相关与演化；它与唯物主义阐释事物间普遍联系又变化发展的观点具有一致性。系统论抽象掉不同事物、不同现象的各种差异，而把它们归结到“系统”这一概念，并揭示了其规律。

再微小的事物，我们也可以将其视为一个由诸多要素构成的系统来进行研究。为了更好分析和厘清系统所具有的特性，人们需要综合考虑系统构成要素之间、系统与要素之间、系统与外在环境之间的相互联系。系统一般具有以下五个方面的基本特征。

1. 整体性

整体性是系统最为核心的特征，它主要思想是强调系统不是其构成要素的简单叠加，而是各要素间有机放大结合，其整体大于各个要素算术和。系统整体性，并不是简单性强调系统要素叠加而形成的数量和规模优势，而是揭示系统要素按照一定的秩序和组织构架形成的有机整体，系统主要功能需要依靠要素的整体性才能发挥作用。

2. 结构性

它强调的是系统内各个要素之间诸多关系的叠加之和，表现为系统内各要素按照一定组织方式或者秩序排列组合，其本质是系统要素之间的有机联系、相互作用。

3. 层次性

它可以理解为系统要素之间的等级秩序性或者差异性，从而使得系统组织在地位与作用、结构与功能上表现出来。

4. 功能性

它是指系统内部各要素按照一定结构、层次和秩序表现出来的性能与效用，且它与外部环境具有紧密联系和动态变化的规律特征。

5. 临界性

临界性指系统各要素之间联系和叠加作用存在临界点和合理区间，当在临界点以外或合理区间以外，系统要素的叠加效应将变得不明显或变得难以预测和估计。比如，自然界的二氧化碳浓度就存在碳转折点，一旦突破该转折点，二氧化碳对人类的影响将变得难以估测。

三、生态经济协调发展理论

协调就是各要素间保持一种合理、趋同的步调，保持事物间稳定、有序、合理距离的相互关系。协同发展是我国五大发展理念之一，是促进我国经济社会持续健康发展的内在要求。在党的十八届五中全会审议通过的《中共中央关于制定国民经济和社会发展第十三个五年规划的建议》中，中央政府提出协调发展，包括城乡协调发展、三产业协调融合发展、区域间协调发展等，是解决我国经济与社会发展中存在的不充分、不平衡问题的重要举措。

协调应具有系统理念，需要明确、厘清系统中不同要素间具备何种关联，明晰系统的结构与运行规律，掌握要素间的配合、促进、联动机制及其可能存在的约束集。系统是指彼此之间相互作用、相互依赖的要素集，以集体行为完成特定功能的有机结合体。因此，基于系统科学认知，本书认为：协调是指使一个复杂系统内部的两个或两个以上子系统之间或一个子系统内部相互联系的两个或两个以上的要素按一定数量组成的具有一定结构和功能的有机整体，和谐一致、配合得当、有效运转。我们可以理解为：协调是整体和谐一致，配合得当，达到目标最优化；该整体是由多个相互联系、相互作用的要素组成的；具有特定的结构和功能。

系统在整体上具有相对的稳定性，系统稳定才能将其功能发挥出来；但系统更具有绝对的动态性，持续演变是系统的永恒特征。构成系统的相关要素不会一成不变，要素所包含的物质与能量会持续地发生变化，甚至某些要素会消亡，而新的要素会出现。所以，系统的稳定是相对的，系统不断演变才是绝对的。由于系统或系统要素的不断演化，所以某一系统或要素的存在和发展，可能是以其他系统或要素的破坏或消亡作为其发展条件（或代价）的。例如，改革开放以来，我国经济与社会取得了长足的发展，人们物质享有日益丰富，工业化与城镇化水平大幅提升。但这种成就的背后，却因为粗犷式发展方式，缺乏对生态环境的考量，片面追求经济增长，对资源和环境采取掠夺式的开发和利用，对生态系统形成严重创伤，结果只能是自吞苦果。

人们在陶醉于经济发展带来的益处时，不得不承受大自然的惩罚及环境恶化所造成的苦果，大地满目疮痍，生态承载力不断下降，空气、水资源、土地等自然资源质量堪忧。这样的“经济增长”，显然是一种不可持续的增长，是自然资源难以承载的增长，也是大家最不想看到的增长方式。以破坏生态环境为代价的经济增长，与人们追求美好生活是相违背的。我们应该重视生态系统对人类未来发展的重要性，长期以来无偿地利用环境来发展经济的现象将逐渐成为历史，生态环境将逐渐成为一种越来越供不应求的特殊商品，是一个区域竞争力的主要内容，破坏环境本身就是一项巨大的经济损失。

随着社会文明的不断进步，人们对世界和自然的认知也在不断发生变化。以往将生态环境作为经济发展的外生因素，依托生产要素与投资来驱动经济发展，生态系统成为经济发展负产品的承接地。如今，人们将生态环境视为经济发展的内生因素，是经济发展的投入要素，是经济高质量发展的重要影响元。过去单一、片面追求经济增长，而罔顾生态环境压力的发展理念，已经证明是不可持续，是不适合中国发展需要的，它已被扔进历史的滚滚洪流中。因此，必须重新构建绿色生态、低碳环保、创新驱动、协同促进、发展共享的多元发展观。而要实现多元发展就必须树立“协调”的观念。协调不同于发展，协调是两种或两种以上系统或系统要素之间一种良性的相互关联，是系统之间或系统内要素之间和谐一致、配合得当、良性循环的关系。繁荣的经济与优美的环境，即是协调的集中体现①。

四、生态价值理论

生态价值是在泛指哲学上“价值一般”的特殊含义体现，是对生态环境客体满足其经济需要和自然发展要求过程中的经济价值判断、人类在如何处理与生态环境主客体关系上的一种价值伦理判断，以及自然生态系统作为独立于人类主体而独立存在的系统功能判断②。

人与自然一直存在着两者截然不同的关系：第一，从实践论（人本学）的

① 廖重斌．环境与经济协调发展的定量评判及其分类体系——以珠江三角洲城市群为例［J］．热带地理，1999（2）：3-5.

② 黄莎．传统生态伦理思想与我国法律生态化实践［J］．湖北行政学院学报，2016（5）：85-89.

关系看，人是主体，自然是人的实践和消费的对象，作为客体。在这个关系中，将人脱离于自然，两者处于各自的对立面，两者之间通过劳动和交换而产生关联。人类需要从自然获取物质与能量来维持和改善生活，自然资源作为原料投入生产中，经过人为的化学或物理改造，进入人类的生产与再生产，改造后的自然资源从而成为产品，具有了价值，这就是人们常说的“资源价值”和“经济价值”。这种人与自然的实践关系，一方面给人类带来了丰富的生活资料，满足了消费的需要与欲望，保障了人们生存条件，提升了生活质量，拓展了人类生存边界，人们有更多时间、更强体魄、更高智力、更好技能去思考和探索世界之未知；另一方面自然物在人类的生产与消费中逐渐消耗殆尽，失去了其本来的存在性和内生性。第二，人与自然之间还具有“存在论”关系。在这个关系中，人类是自然的一部分，两者难分彼此。人类与自然界的其他物种一样，皆是自然生态系统整体中普通的“存在者”，它们都必须依赖于整体的自然系统才能存在(生存)。自然生态系统整体的稳定与平衡是所有自然物种存在的必要条件，人类也包括于其中。在这个意义上来说，自然物以及自然生态系统的整体对人的生存具有“环境价值”。

对人类而言，自然所具有的“经济价值”和“环境价值”存在性质上差异。自然的经济价值或资源价值，是一种“消费性价值”，基于某个市场或社会需要而产生。消费就意味着对客体存在方式的改变，这种改变有些是物理性的，有些是化学性的，有些是局部改变，有些是彻底毁灭；因而自然物对于人的资源价值或经济价值是通过实践对自然物的“改变”实现的。“环境价值”则是一种“非消费性价值”，这种价值不是通过对自然的消费，而是通过对自然的“保护”实现的。

例如，森林对于人来说，具有“经济价值”和“资源价值”。要实现森林的这种价值，就必须把森林砍掉。只有如此，森林才能变成“木材”进入生产领域，以实现其经济价值。与此相反，森林只有在得到保存(不被砍伐)的条件下，才有“环境价值”。当人类把森林作为木材消费后，森林以及它对人的环境价值也就不复存在。这使人类生存陷入了一个难以克服的“生存悖论”：如果我们要实现自然物的经济价值(消费性价值)，就必须毁灭自然物；而要实现自然的“环境价值”，就不能毁灭它，而是要保护它。

人类如果没有改造自然，就不能生存；而改造自然，又破坏人类生存的环境，同样也不能存活。解决这个“生存悖论”的唯一途径就是，人类必须将自然的开发和消费限制在自然生态系统的稳定、平衡所能容忍的限度以内。即前面所述中，充分考量生态环境的合理开发区间，对生态环境开发利用具有严格的底线意识，绝不能突破生态环境可能面临的风险临界点。人类应该从生态环境整体性出发，约束自身对自然资源的需要，实现对自然的消费的减量化，严守生态红线，提升自然生态系统自我修复能力。人类既要做“减法”，更需要做“加法”。减少人类对自然的消耗，增加人力对自然关照和回赠。人类应该明确，保护生态环境，就是在拯救人类自己；而自然不需要人类去救，它会在适当时候，将人类附加其身上的所有还给人类而实现自己的重生。十八大报告明确指出：“坚持节约资源和保护环境的基本国策，坚持节约优先、保护优先、自然恢复为主的方针，以推进绿色、循环和低碳发展。”

第三节 资源开发政府管理理论基础

党的十九大报告提出，让市场在资源配置中发挥主要作用并增强政府的调控作用。在自然资源的开发利用中，市场和政府两者都非常重要。我国法律规定，所有自然资源的所有权归国家所有。政府对自然资源探矿权和采矿权具有审批权，并对生产过程具有监督权，自然资源开发与利用应在政府统一规划和监督下开展。所以，自然资源的开发、利用与政府的关系密不可分。如何理顺和优化政府与资源开发的关系，构建科学合理的核资源开发管理体制，形成长期有效的核资源开发利用及保护机制，就显得极为重要。本节将从政府干预理论、政府职能理论、生态文明思想、生态经济学与可持续发展四个方面进行阐述。

一、政府干预理论

按照亚当·斯密的经济学理论，只要明确产权归属，通过市场交易可以实现资源的有效配置。奉行经济自由主义的人认为：政府的干预会导致市场效率的丧失，增加市场交易双方的成本；政府干预不利于经济发展，最好的经济就是“有市场，无政府”。但没有政府干预的市场，经常会出现“市场失灵”，会出现市场无效率情形，严重时形成经济危机。20 世纪二三十年代的美国经济大萧条，1998 年东南亚金融海啸，以及现尚未退去的全球经济危机，都是因为政府这只手软弱无力而造成的。所以为抑制“市场失灵”造成的不良后果，政府出于国家经济发展、居民稳定生活、社会安全生产、环境生态保护等需要，对经济生产的市场行为进行必要的干预。而政府对市场的干预理念和思想，实际早就存在。比如历史上的“谷贱伤农”思想，就体现出政府对丰年时粮食价格的保护来保持农民种粮的积极性。第二次世界大战后，西方经济理论的“凯恩斯革命”，促使凯恩斯学派形成，并建立起一整套的以政府干预主义为原则的宏观经济理论和宏观经济政策，取代经济自由主义成为现代经济学的主流。

政府对经济干预的主要作用，在于弥补市场失灵，因此对市场失灵的研究也成为政府干预理论的一部分。自 2008 年金融危机以来，一些国家出现了通货膨胀压力、经济萧条等重大危机，于是各国采取了一系列措施来刺激经济，从而引发了经济学理论界关于经济自由与经济干预的新一轮理论争辩。应该说，经济自由与政府干预都具有其合理性，也都是在特定的社会与经济背景下发展出的经济理论，对经济运行都起到了较好的指导作用，但两者也存在各自不足与缺陷，过度自由或过度干预对宏观经济存在不利。当前世界，没有任何一个国家是纯粹的经济自由或政府管制，都是市场和政府的双调节，只不过有些国家市场力量大于政府调控，而有些国家更依赖于政府调控来维持经济发展。所以，经济自由理论与经济干预理论，都在不断地从对方吸取有益倾向的理论观点和政策主张，来完善理论体系。所以，当前政府干预理论是一种市场与政府的混合理论，皆主张经济的发展必须保持适度的自由与适度的干预。

改革开放四十余年来，中国政府对经济发展的“政府干预”取得了显著的效果，走出来一条具有中国特色的经济发展道路，国外号称“中国奇迹”。改革开放以后的中国经济改革，强调中央对地方的分权，在中央顶层设计下强化地方政府自主性和积极性。这种特点带来的益处是，能够使地方政府发展地方经济更有积极性；但同时中央向地方政府的分权也会带来一些不利影响，即地方政府基于政绩和发展需要，会对经济的干预过于强烈且短期行为频繁，从而使市场配置资源效率不足。同时，分权导致地方政府权力扩张，基于自身地方利益考虑，容易造成地方经济壁垒，造成经济与产业结构趋同，区域间协调发展存在障碍，企业包袱增大。

二、政府职能理论

政府职能理论源于“市民社会”的兴起，而“市民社会”是一种自治型社会。“市民社会”是资本主义在西方社会出现而形成的结果，市民社会导致国家与社会既分离又对立。人们开始思考国家与政府在社会管理中的权力支配问题，人们开始从政府权力结构、权力范围、权力监督、权力与职责对等方面展开思考、讨论与实践，政府职能理论的研究具有非常强的现实意义。政府职能理论可分为西方政府职能基本理论和马克思政府职能基本理论。

基于经济市场化改革，政府对于经济的调控职能对维护市场经济健康发展意义非凡。中国政府积极将政府职能理论引入日常管理中，但不是简单的拿来，而是将理论与中国实际相结合，实现政府职能理论的中国本土化。政府职能理论中国化具体可以分为五个方面。

一是引导型政府职能理论。政府自觉和主动地采取积极的政策，以适应和引领经济和社会的全面发展，以促进社会进步和经济发展质量提升。这种方式具有明显的主动性和引导性。基于能力和视野约束，政府的每一次引导并不一定会带来所希望的结果。如果引导得当，则会促进经济与社会发展；如果引导失当，则会对经济和社会发展形成阻碍。所以，政府自身的行政与治理能力，对其决策正确性起着非常关键的作用。

二是服务型政府职能理论。服务型政府需要改变传统政府以自我为本位思维，改变将社会作为被统治和改造对象的狭隘观念，强调社会本位，强调以民为本，强调自身的主动服务意识及服务能力，政府的法治权必须服从于人民的主权。服务社会就是以人民为主，提供人们所需的公共产品(服务)。

三是责任型政府职能理论。该理论认为，政府必须积极主动地对民众和社会的基本要求做出及时回应，并积极的采取行动加以满足；政府必须时刻牢记自身使命和社会责任，认真履行政府的社会义务和责任，在道义上、政治上、法律上勇担责任，做社会的“守夜人”；责任型政府必须主动接受内部和外部的监督，以保证责任的实现。责任型政府职能的确立，是控制权理论在行政学上运用的结果；但这种理论强调权力相对集中容易导致独裁统治。

四是治理型政府职能理论。治理型政府强调权力与地位的对等，强调互动、协作来化解问题，强调民众的智力开发，强调民众的自我治理能力提升。治理型政府以公民社会为基础，政府寻求与公民社会的合作，认可居民自治是国家治理的有益补充和不可或缺部分。各种公共和私人组织，只要其行使的权力恰当且不违反法律和公德，并且得到了民众的认可和追捧，就都可能成为在各个不同层面上的权力中心。治理型政府需要在各种不同制度关系中运用权力去引导、控制和规范公民的各种活动，以最大限度地增进公共利益，达到“善治”的目的。

五是企业型政府职能理论。该理论强调用企业家精神重塑政府，把市场的竞争机制引入公共服务中，强调竞争，强调淘汰，通过竞争和淘汰来提高行政效率。中国地方政府在行政体制改革实践中，借鉴性地运用企业型政府理论。比如，对基层部门和基层主管人员进行授权，鼓励各级公务员参与决策，打破公务员的“铁饭碗”和“只上不下”的传统规矩，推动职位、职务流动。贤者上，庸者下；廉者上，腐者下；勤者上，惰者下；破除“官本位”和“行政本位”的传统观念，确立为社会服务、为纳税人服务、为顾客服务的新理念；使政府的某些行政职能社会化、市场化；政府采购商品与服务也引入竞争机制，实行政府公开招标采购。

三、生态文明思想

核资源是重要的国家战略资源，在其开发和利用中，不可避免地对大气、植被、山体、田地和水系造成破坏，带来极大的生态创伤；另外，核资源具有辐射性，其尾矿、废料还可能对生态及生物造成永久性伤害。因此，核资源开发与利用是一个与生态环境、经济社会协调发展密切相关的问题。生态文明思想的产生和发展为资源开发管理的研究提供了全新的视角。

生态文明是继农业文明、工业文明之后的第三种文明形态，是一种经济与社会发展范式的改变。建设生态文明，关系人民福祉，关乎民族命运的长远大计，是实现中国两个“一百年”伟大目标的有力保障，是党和国家领导基于中国实际做出的重大发展决策。面对资源约束趋紧、环境污染严重、生态承载力弱化等严峻形势，中国必须树立尊重自然、顺应自然、保护自然的生态文明理念，党的十八大将生态文明建设，充分融入经济建设、政治建设、文化建设、社会建设中，努力实现美丽中国、美好中国、富强中国。习近平的生态文明理念，强调绿水青山就是金山银山，明确两山转化的必要性和紧迫性，强调尊重自然、顺应自然、保护自然，全力践行绿色发展、循环发展、低碳发展三大理念。

（一）绿水青山就是金山银山

绿水青山就是金山银山的理念，是习近平总书记对生态文明建设的精辟归纳，其雅俗共赏、深入人心。“绿水青山就是金山银山”是对“天人合一”的中华民族智慧的传承，高度体现人与自然和谐共生的最朴素的本质。绿水青山就犹如“人的无机身体”，只要留住绿水青山，人类自身才能保全；破坏了绿水青山，人类自身将被自然所报复，将无处容身。只要坚持人与自然和谐共生，守护好绿水青山，就能永恒拥有绿水青山，人类子孙万代才能永续。

改革开放让我们认识到“发展才是硬道理”，也逐步认清了经济社会与生态环境之间存在着复杂且互动的三个发展阶段。第一阶段，从为了金山银山去改造和征服绿水青山；第二阶段，既要金山银山，又要绿水青山；第三阶段，绿水青山，就是金山银山①。改革四十余年来，我国经济与社会现代化建设，已取得举世瞩目成就，但同时也给我们赖以生存的生态环境造成令人痛心的创伤，过去辉煌的经济成果，是以付出了巨大的资源环境为代价的。所以，我们需要倡导树立和践行绿水青山就是金山银山的理念，努力将生态优势转化为经济与社会的发展优势，为子孙后代留下天蓝、地绿、水净的美好家园。

（二）尊重自然、顺应自然、保护自然

目前，中国经济与社会的发展面临着资源供应趋紧、环境污染加重、生态系统功能退化的严峻形势，资源与环境成为制约中国经济发展的紧箍咒和瓶颈。要破解该瓶颈，就要实现工业文明向生态文明的转变，实现要素投入驱动和投资驱动向创新驱动的转变，实现经济发展的绿色化、低碳化和生态化，实现人与自然的和谐相处。为此，习近平总书记反复倡导尊重自然、顺应自然、保护自然的理念。尊重自然，是人与自然相处应秉持的首要态度，它要求人对自然怀有敬畏之心和感恩之心，尊重自然界的存在及自我创造，绝不能狂妄自大地将人类凌驾在自然之上；顺应自然，是人与自然相处时应遵循的基本原则，它要求人应该顺应自然客观规律，按照自然规律来推进经济社会的发展，不能罔顾自然规律，不能粗犷对待自然，应顺自然规律顺势而下，不可逆自然规律而行；保护自然，是人与自然相处时应承担的重要责任，它要求人向自然界索取生存发展之需时，主动呵护自然，回报自然，保护生态系统。保护自然，就是保护人类自己，人类在保护自然的同时，也得到自然积极有益的回赠。与其说人类在保护自然，不如说是人类在保护自己。人与自然是生命共同

① 整理于习近平生态文明思想相关表述。

体，人类对大自然的每一次伤害，自然都会以某种方式最终“回馈”给人类自身，这是自然中铁律。人类必须尊重自然、顺应自然、保护自然，只有这样，才能有效防止在开发利用自然上走弯路。

(三)绿色发展、循环发展和低碳发展

党的十九大报告再次强调绿色发展理念。习近平总书记还先后提过循环经济发展、循环经济、绿色低碳等理念，并在系列讲话和党的文献中经常反复使用“绿色发展”“循环发展”“低碳发展”，有时表述为“绿色循环低碳发展”“绿色低碳循环发展”或“绿色、循环、低碳发展”，所以三者实际构成了一个基本理念，即绿色发展、循环发展、低碳发展的理念。

习近平生态文明思想中，绿色发展、循环发展、低碳发展理念包括三个方面，但三者是交叉重叠、有机统一的，都要求转变发展观念，不以牺牲环境为代价换取一时的经济增长，不走“先污染后治理”的路子。要求把生态文明建设融入经济、政治、文化和社会等各方面的建设中，形成节约资源、保护环境的空间格局、产业结构、生产方式、生活方式，为子孙后代留下天蓝、地绿、水清的生产生活环境。

绿色发展是侧重于强调以效率、和谐、可持续为目标的发展方式，其要义是处理好人与自然和谐共生的问题。现实中，绿色发展强调全链条的绿色化，绿色材料、绿色工艺、绿色产品、绿色品牌等等。坚持绿色发展，就是要坚持节约资源和保护环境，推动自然资本大量增值，形成人与自然和谐发展的新格局。

循环发展理念侧重于强调以减量化(Reduce)、再利用(Reuse)和资源再循环(Recycle)为路径的3R发展方式，其要义是建设以循环经济为核心的生态经济体系。坚持循环发展，就要推进资源的全面节约和循环再利用，降低能耗、物耗，实现生产生活系统循环链接，以实现经济社会持续健康协调发展，为今后发展提供良好的基础和可永续利用的资源与环境。但循环经济不一定是绿色发展和低碳发展，现实中常出现“循环不经济，循环不环保”的现象。

低碳发展理念，以实现低碳经济为目的，以碳减排为核心，以化石能源减量化和清洁化为抓手，以低碳产业和技术创新为依托，侧重强调低耗能、低污染、低排放，其主要手段是加强研发和推广节能、环保、低碳能源技术，共同促进森林恢复和增长，增加碳汇，减少碳排放，减缓气候变化带来的温室效应。从高碳经济走向低碳经济，最终进入零碳经济，实现碳基经济向氢基经济转变，最终实现经济生态化。这需要两手抓，一手抓低碳新兴产业发展，一手抓传统产业的低碳化。当前我国正处于经济转型的新时期，传统产业对于维持经济总量和劳动力就业具有重要作用，且我国地域广阔，传统产业可以在区域间转移。但传统产业往往能源利用效率低，能源需求强度大，产业发展对环境造成的压力大。所以，传统产业低碳化转型是当前我国经济发展中的一大任务。从长远来看，发展新兴产业，从源头控制碳排放；此外，能源结构清洁化，是实现碳减排的重要措施。我国能源结构呈现典型的“多煤、贫油、少气”的特征，化石能源占能源比重过高，而化石能源中，高碳排放的煤炭所占比例较大，而煤炭又主要用于火力发电。所以，从整体上讲，用低碳能源(核电、水电、太阳能、风能、潮汐能及生物能)取代化石能源；从化石能源使用来看，加强对煤炭的清洗，加强以气代煤，都可以实现化石能源碳排放强度下降。

从生活角度来看，我们应该倡导绿色出行、低碳出行，崇尚低碳家居、低碳出行，奉行节约，反对奢侈浪费和不合理消费。以新发展理念为指导，切实做到经济效益、社会效益、生态效益协同发展，实现百姓富、生态美的有机统一。

深入学习贯彻习近平的生态文明思想，在核资源开发与利用上，应当尽可能有效地利用核资源，减少废气、废水和废渣的排放，最大可能发挥资源的使用价值，实现资源的经济价值。

四、生态经济学与可持续发展

生态经济学为可持续发展提供了理论支撑。经济社会发展与资源环境相协调是可持续发展的本质，生态与经济相协调是其核心内容。那么，作为可持续发展经济的核心问题，就更应该强调生态与经济间的协调和发展。生态与经济的协调是双方面的。优化生态结构、强化生态的承载能力、提升生态的自我修复功能，都可以增强经济发展的基础，促进经济可持续发展，提升经济发展质量，实现“生态好，经济好”。调整产业结构，转变经济发展方式，构建经济发展新动力源，实现经济的高质量发展和创新发展，经济发展又可以实现增强对生态环境保护和修复的投入力度和技术支持，实现“经济好，生态好”。

世界环境与发展委员会关于人类未来的报告——《我们共同的未来》从可持续发展的战略眼光出发，主张全新的环境与经济协调的发展观，这就是生态经济协调发展观。该报告主张：生态环境与每个人都密切相关，生态环境问题不仅影响当下，甚至更会影响我们未来的子孙后代；如果我们不能有效遏制资源快速枯竭和气候急剧变暖的趋势，我们的后代将会为当下人们的行为来买单。中国学者也在积极关注气候变化和全球的生态问题，并针对中国实现生态发展的路径与机制进行刻苦研究，并结合中国实际提出了诸多非常有见地的建议和思路，构建了具有中国特色的生态经济协调发展理论，为我国政府在全球环境话题上提供了更多的话语权，为反驳西方国家有关我国生态环境的无礼指责提供了理论支撑。

生态经济协调发展理论的根本方法，是找到在不危及生态环境的前提下，实现人类高质高效地进行经济活动的方法。生态经济协调发展理论的特性，要求经济社会的发展要在生态环境承受力允许的范围内，并且对当代及后代的需要都能满足，即当代需求满足不以损失后代需要为代价，追求资源利用的代际公平，这也是可持续发展经济学建立的基础。

第四章

核资源开发与生态系统耦合协调的实践基础

第一节 我国核资源开发与环境保护的实践探索

核资源的开发历程一直充满着艰辛与障碍，经过七十多年的摸索与实践，核资源已成为当今世界电力能源供应的主要力量之一，在这一实践探索过程中核资源开发有关制度不断补充完善，为核资源的可持续开发提供着政策支撑。

一、核资源开发利用的制度变迁

20 世纪 50 年代中期，中国创建核工业，在此期间成功试爆了第一颗原子弹和第一颗氢弹，并成功试射了第一枚核导弹。此后 60 余年间，对核资源的和平开发与利用一直是中国核事业的发展方向，也一直在践行核事业和平发展理念，在工业、农业、能源与环境等领域取得了显著成绩。

表 4.1 简要概括了 20 世纪 50 年代中期以来的 60 多年间我国核资源开发利用的相关制度变迁历程。由表 4.1 可知，伴随着我国核资源开发利用事业从军事先行转变为军民兼顾的发展，相关的制度也不断丰富完善，从具体涉及核材料应用、核事故应急管理、放射性污染防治、核设备安全监管的方方面面，到倡导构建核安全命运共同体的全局战略部署，中国核能事业因为相关体制的丰富与发展而实现了巨大的跨越，并且将在未来获得更大发展契机。

表 4.1　中国核资源开发利用相关制度变迁简况表

时间	名称	主要内容/目的
1987 年	中华人民共和国核材料管制条例	防止核材料被盗窃、破坏、丢失及非法转让和使用，保障其安全合法利用，维护国家与人民安全，促进核能事业发展
1993 年	核电厂核事故应急管理条例	控制并减少核事故的危害，为核电厂加强事故应急能力制定管理规范
1997 年	国家核应急计划(预案)	后多次修订成为《国家核应急预案》，目的是提升中国核应急管理和准备工作的专业化、科学化、规范化和体系化水平
2003 年	中华人民共和国放射性污染防治法	从法律层面规范放射性污染防治及相关的环境保护事宜
2007 年	民用核安全设备监督管理条例	加强监管，确保民用核设施安全运行，从而预防核事故、保护生态环境，保障工作人员和广大人民的安全与健康
2009 年	放射性物品运输安全管理条例	从运输层面保障放射性物品安全，规避放射性污染与危害
2019 年	核动力厂、研究堆、核燃料循环设施安全许可程序规定	进一步明确规范民用核动力厂、研究堆、核燃料循环设备等核设施的安全许可活动
2019 年	中国的核安全	首次以白皮书的形式阐述了中国关于核安全的基本原则与政策主张，总结了中国核安全事业的发展历程，分享了中国对于核安全监管的理念与实践，彰显了我国倡导构建核安全命运共同体的决心与行动

注：作者根据相关材料整理汇总。

二、铀矿床开采的主要特征、类型与技术创新

我国的铀矿资源一直不甚丰饶，自 1955 年全国范围内的铀矿资源勘探开始以来，内地共有 20 多个省发现了铀矿资源的储备，其中有相当的一部分都是近十多年内探明的(比如我国北方的六万吨至十万吨级的砂岩型铀矿资源基地)。2017 年在新疆伊犁建成了我国首个千吨级绿色地浸采铀基地，地浸采铀产量占比已超过 70%。随着监测预警机制的逐步健全、新材料新设备的研制，

我国的铀矿基地建设正朝着数字化、智能化、高效化发展，促进中国天然铀生产向数字化先进工业转型①。

(一)铀矿床的主要特征

铀采冶工艺技术齐全，主要采用地浸、常规开采-堆浸、常规开采-搅拌浸出等采冶工艺，建立了 CO_2+O_2 地浸采铀工艺技术为标志的第三代采铀技术，并在新疆、内蒙古建成了多个现代化的地浸采铀矿山。

1. 资源分布广

铀矿分布在我国23个省(自治区)，但是主要集中在内蒙古、江西、新疆、广东、湖南以及广西等省(自治区)，约占全国总铀资源储量的80%以上。

2. 勘查深度浅

绝大部分的勘查深度在500米以内，直到2020年9月我国刷新了工业铀找矿深度记录1550米，找矿重点已进入了500~1500米深度的“第二找矿空间”，勘查深度浅的现状才得以改善。取得这一突破主要有两大原因：一是在铀矿勘查方面“天-空-地-深”一体化技术的成熟与地质理论体系的丰富与完善；二是逐步形成了较为完整的铀矿勘查采冶技术体系。

3. 资源类型多

截至2017年年底，我国已探明360余个铀矿床。我国铀矿类型目前以“四大类型”为主，其中砂岩型铀资源量占45.51%，花岗岩型占21.84%，火山岩型占16.38%，碳硅泥岩型占8.14%，其他类型还有碱性岩型、磷块岩型、伟晶岩型等，如表4.2所示。我国铀成矿总体条件较好，最近也完成了新一轮的预测，其中，潜在常规铀资源量超过 2×10^6 吨，非常规铀资源量超过 1×10^6 吨。

---

① 铀矿床开采是我国核资源开发利用事业的重要组成部分，从其特征、类型以及开采技术的创新实践中也可以得到核资源开发与生态系统耦合协调的有益经验。

表 4.2　中国主要铀矿床分类

铀矿床类型	亚类	矿床实例
砂岩型铀矿床	层间氧化带型、潜水氧化带型、潜水-层间氧化型、沉积成岩型	512、孙家梁、十红滩、钱家店、白面石等
碳硅泥岩型铀矿床	淋积型、热造型	保峰源、黄田、黄材、董坑、金银寨等
火山岩型铀矿床	脉型、层型	大茶园、孟青(65)、70、熊家等
花岗岩型铀矿床	硅质脉型、碎裂蚀变岩型、碱交代岩型、外带型	希望、棉花坑、大布、河草坑、沙子江等
其他类型铀矿床	碱性岩型、伟晶岩型等	横涧、邹家山、尖山、毛洋头、张麻井等

注：作者根据相关材料整理汇总。

4. 共生、伴生的矿产种类多

目前，发现的与铀伴生的元素主要有钍、钼、锗、铍、钇和稀土等；铀作为伴生的矿有 Cu、Au、Nb、Ta、Zr、磷矿、REE 等。

(二)铀矿床开采类型

我国铀矿种类繁多，矿山水文地质条件复杂，现有的开采模式不能保证一种技术适用于各类矿山，但结合地质学、勘探技术、化学、微生物学等学科在矿产开采中的实践，可以通过为矿山制定一套最佳的采矿方案，实现最大的经济效益，如图 4.1 所示，其中地浸开采技术创新发展最快。

目前，我国地浸采铀技术主要有三种：酸法开采、碱法开采、微生物开采。但目前常用的矿山开采方法有利有弊，开采铀矿资源时易对环境产生影响。

与其他技术相比，酸法开采这种方法的浸出率更高，其浸出率相较碱性浸出剂高逾 10%；第二个优点是浸出时间短，浸出液中铀浓度高；且所得硫酸铀能够直接被阴离子交换树脂吸附，易于处理；为 H_2O_2、Fe^{3+}等氧化剂提供了良好的氧化环境；购买来源渠道丰富，运输方便且物美价廉。其缺点是在铀溶解时，选择性差、浸出液成分较复杂(部分其他脉石矿物也会被溶解)，并且会在一定程度上腐蚀设备、仪器、管道等，从而带来相应的地下水治理难题。

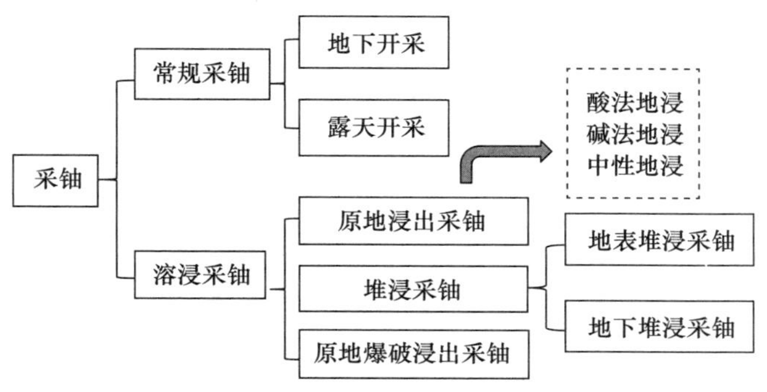

图 4.1　铀矿床开采方法分类

由于 Ca、Mg、Fe、Al 等元素难以溶于碱性介质，碱法开采的方法在采铀过程中能保证良好的选择性，对碳酸盐含量相对较高的矿床也具备适用性；并且由于碱性浸出剂腐蚀性较小，可以为氧化剂提供更适宜的环境，环境污染控制相对简单。同样的，碱法开采也有明显的缺点：一方面，其浸出率无法保障，相较酸法低了大约 10%，对于含硫化物高的矿石更是不起作用；另一方面，在回收铀的过程中无法规避树脂结板的不利情况。

微生物开采相对而言是更为先进的技术。它兼具采矿、选矿、冶金功能，能够省略井巷工程、矿石搬运等步骤，而这是传统开采所必备的，因而可以在流程与设备上进一步节约成本；此外，和其他开采方法相比，微生物开采仅需在浸出体系中引入少许物质，能有效减少地下水污染等环境问题。虽然这种方法具有能耗少、成本低、流程优、无污染等优点，却因涉及众多科目的复杂技术，会受到更多因素的影响，特别是其微生物培育需要的条件十分苛刻，实际操作难度较大。

（三）铀矿床开采三代技术创新

中国铀矿冶创建于 20 世纪 50 年代末，建立了管理机构、研究院所、矿山和水冶厂。1963 年开始建立第二批铀矿冶企业，改进了采矿工艺，成功研究出处理不同类型矿石的多种工艺流程。到 1979 年前后，我国第三批铀矿冶企业也完成了建设，这一时期在铀矿冶炼方面的科研工作也取得了一系列的成就，其中最主要的就是对喷锚支护等高效施工技术进行了推广，并通过原地浸出实验成功开发了从矿石浸出液中直接制备 UF_4 或三碳铀酰胺的新工艺，实现了将铀从含 P、Mo 等元素的复合矿石中提取出来的技术突破，并改进了从含铀富矿中提取 Ra 的工艺流程。

1. 我国第一代铀矿床开采技术

我国第一代铀矿床开采技术主要应用于 20 世纪 50 年代末[①]。第一代开采技术主要是以地下开采为主、露天开采为辅的一套采冶技术体系，包括矿石开采、运输、选矿、破碎、浸出、尾矿处理等，形成了从开采到尾矿处理全流程采冶技术。但是第一代铀矿床开采技术忽略了环境因素，导致大部分铀矿山只开采、少治理，环境问题突出。目前，我国以基本脱离第一代铀矿床开采技术，但其中的部分核心，仍然保留至今。

2. 我国第二代铀矿床开采技术

我国堆浸提铀技术研究始于 20 世纪 60 年代，经过几代铀矿冶科技工作者的不断探索，一大批科研成果已成功应用于堆浸提铀工业生产(主要堆浸提铀技术如图 4.2 所示)。由粗放式向精细型堆浸工艺转化，在世界上首次实现了低渗透性铀矿石酸法制粒堆浸技术的工业应用。

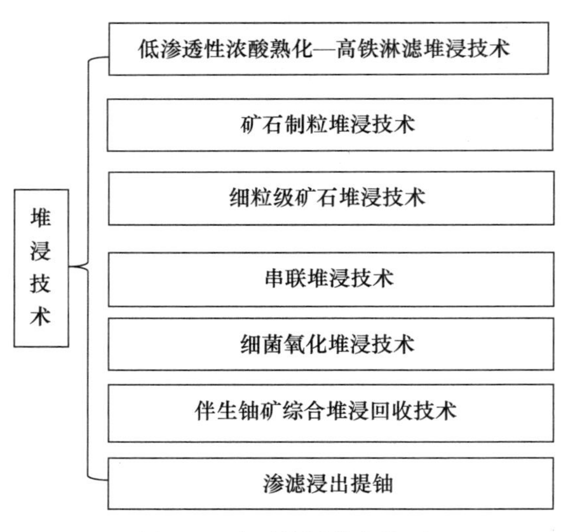

图 4.2　主要堆浸技术类型

① 与第一代铀矿床开采技术密切相关的单位有：1958 年成立的新疆矿冶公司、中南矿冶公司、北京铀矿选冶研究所、铀矿冶设计研究院、铀矿开采研究所以及铀矿冶工业专门管理机构第二机械工业部十二局。

堆浸技术是采用特殊的筑堆技术和喷淋工艺对铀矿进行浸出，每堆可以处理矿石3000吨左右，浸出的含铀溶液用离子交换或萃取方法进行铀分离。适用于大部分品位较低的硬岩型铀矿。

在堆浸技术中最具有代表性的是细菌堆浸浸出技术，细菌浸出是通过专门培养的细菌，采用生物方法对铀矿进行强化浸出，提高浸出效率，减少原材料消耗，同时该技术还可以用于铜矿等金属矿物的处理。

3. 我国第三代铀矿床开采技术

2000年以来，我国铀矿勘查开采重心由南方硬岩转向北方砂岩，在北方伊犁盆地、吐哈盆地、松辽盆地等六大盆地形成了万吨级乃至十万吨级的铀资源基地，开采价值巨大，但是北方铀矿床约78%为复杂砂岩铀资源，渗透性差、矿石品位低、多矿层叠加、矿体零散干燥、“三高”（高钙、高铁铝、高矿化度）型矿较多、矿体埋藏深（达800米以上）等问题，使得北方铀矿床难以进行开采。

经过研究人员的不断摸索逐步研发出一套以地浸铀资源评价、浸出剂配方和使用方法、地浸钻孔结构与施工工艺、钻孔排列方式和钻孔间距的确定、溶浸范围控制、浸出液处理工艺技术、地浸矿山环境保护等为主体的地浸采铀技术体系，如酸法地浸采铀技术，CO_2+O_2地浸技术，低渗透砂岩铀矿地浸技术，大埋深、弱承压—无压层间水、高卤水等复杂条件下的递进技术，成了继美国之后世界上第二个拥有先进铀矿采冶技术体系的国家。

三、核资源开采过程中的环保实践

在核资源开采利用技术快速发展的同时，我国逐渐开始重视铀矿开发所涉及的环保问题。“十二五”期间，一批早期核设施的退役项目顺利完成，同时清理处置了历史遗留下的一批放射性危害物；放射性废物处置利用效率进一步提高，基本形成了西北、西南以及华南处置的格局；对重点地区的铀矿退役治理确切落实，改善了当地的生态环境，降低了当地的生态风险。对于铀矿开发可能带来的各类污染问题，我国主要采取以下防治措施。

（一）铀矿山地质灾害及其防治

在当前铀矿山开采过程中，主要面临着环境污染与地质灾害两大类问题。前者是由于采矿废渣与废水导致的各种环境问题；后者则根据采矿作业场所的不同而有所差异，其中地下采矿场作业过程中产生或潜在的危害最多，可大致分为地面变形灾害和矿井灾害两类。铀矿山开采可能出现的各种问题，如图4.3所示。应对这些环境污染或地质灾害问题最好的措施是做好事前预防、提前规避。若无法做到事前预防，则需要在开采期间把渣场外围的挡墙预先设置好，且在闭坑后尽可能将弃渣回填到采空区当中，从而降低废石堆的坡度，实现对矿山的土地复垦(可细分为工程复垦、生物复垦和生态复垦三类，其技术核心是工程复垦)。

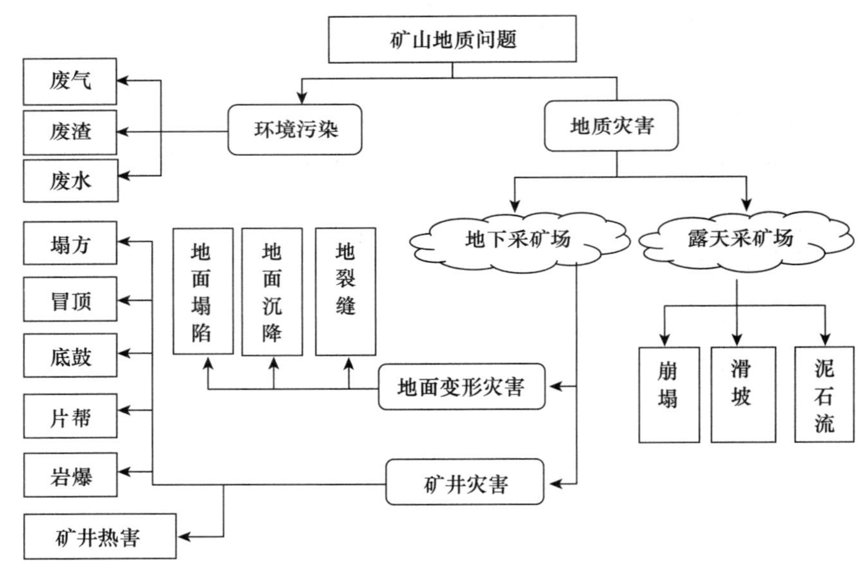

图4.3　铀矿山常见问题划分

（二）放射性废物处置利用

1. 废水污染及其治理

开采过程中形成的矿坑废水、水冶废水以及尾矿废水都含有有害物质，不及时处理就直接排放到农田，会对农作物的生长产生严重的不利影响。相比非矿区的农田土壤，被污染的农田土壤中铀含量明显偏高。随着铀从废水中不断沉淀、蓄积，土壤中的铀含量将逐年上升，将导致在被污染农田中生长的稻谷放射性核素含量也高于非矿区。这三类废水不仅渗透到农田土地，还对地下水带来相当严重的污染。现阶段处理废水的方法主要包括循环利用、物理处理、化学处理、生物处理、水体稀释等，这些方法在实验室取得了显著效果，其中循环利用吸附尾液已经在我国部分矿山实践应用，确实能够大大减少污水的排放量。

2. 废气污染及其治理

在采矿过程中，钻井、爆破、探矿、放矿、矿物运输和装卸等过程产生的铀矿粉末会引起大量粉尘污染；并且颗粒状的铀矿粉尘长时间漂浮在矿井的空气当中，将会有一部分被吸入人体。铀矿开采产生的主要废气是 Rn，属于 Ra 的衰变产物，是放射性气体的一种。含铀岩石内部产生的 Rn 从高浓度地区扩散到低浓度地区，经过一定距离后，只有部分会从矿井孔洞或裂缝扩散至空气，剩下的部分会留在矿井内部继续衰变。大量辐射流行病学的调查表明，在含有高浓度 Rn 的矿井下长时间作业很可能导致肺癌死亡，中国铀矿井下作业人员肺癌死亡率偏高证实了这一研究结论。治理好铀矿废气污染的主要方法是做好矿井通风工作，具体包括确保矿井通风系统构筑的合理性、明确经济合理的通风风量、选择高性能矿井通风设备、根据具体情况选择通风设施以及强化降 Rn 管理等。针对这种粉尘污染，推行湿法作业、提高空气湿度是一个不错的选择，能够降低大气中的粉尘特别是 Rn 等放射性气体的浓度，从而尽可能削减对人体的危害。除了治理好放射性粉尘外，废石堆积所产生的放射性气体也应加以处理。

3. 废石废渣的处理

在现阶段，一个年产约 60 万吨矿石的铀矿山，每年都要产生少则 10 万多则近 60 万吨的废石废渣。伴随着这些废石废渣不断被山洪冲刷或自然风化，淋浸和析出的放射性核素等有害物质也会不断积累，污染范围也不断向外辐射，有时还会伴随着泥石流、滑坡、水土流失等各种地质灾害，对生态环境和人们的健康有着巨大的危害。比如，当黄铁矿、黄铜矿、方铅矿等产生的废石废渣与空气和水接触时，有很大可能会发生化学和微生物反应，进而生成硫酸和其他有害物质，最终污染地下及周边水域。一些矿山对废石管理不善，居民将其用作建筑、铺路的材料，也很容易导致环境的污染，使得民房的 γ 辐射水平和空气中 Rn 的浓度远高于正常范围。此外，铀矿区矿石、废石的运输过程中可能出现的撒漏现象，使得公路或铁路沿线两侧的农田路基和土壤中都含有铀，也会导致环境受到严重污染。

对于铀矿所产生的废石废渣处理，一般国家做法分两种，其一是回填废石废渣于竖井或是坑道内；其二是把废石废渣重筑成稳定坝或是埋在浅层之后再进行植被覆盖。在我国，是根据具体实际情况而采取的上述两种方法。而关于处置过程的原则就是进行实时监测，用监测结果反过来指导实际操作并在处置结束后对回填区域土层进行不同深度的取样检测，直至满足规定标准，最终达到放射物质最小化的目的，本质上是属于相互监督、相辅相成的一个流程。

（三）铀矿退役治理

1. 坑道口的治理

除了会遗留下大量废石废材外，结束开采的铀矿还会留下未经封堵的一些坑道或井道，对这些区域的污染治理主要从铀矿开采位置是否有涌水入手，再根据不同情况进行具体处理。

国家对于没有涌水的坑道口所采取的处理方法是直接使用浆砌毛石墙来封堵。而对于涌水时的坑道口，通常采用的是被动式疏水方案。此时，与没有涌水时的状态相比，还需要对水中的悬浮物质及水中铀的含量进行控制及去除。

2. 坑槽的治理

铀矿开采所形成的坑槽分为和地形等高的纵向探槽以及水平方向等高的横向跳槽两类。在处理这两种不同类别的坑槽时，我国也采取着不同的处理方法。其中，土壤回填处理适用于竖向坑槽，当回填完成还会进行进一步的压实处理及植被种植；而直接消坡的方法则多被用来处理横向坑槽，具体操作是先放缓槽的边坡再直接进行植被的种植。

3. 塌陷坑的处理

通常在铀矿开采过程中会出现一些矿坑塌陷现象，在处理这种情况时，我国常用的办法是把塌陷周边可利用的废石废渣先回填入塌陷坑内，然后进行夯实处理，最后再做土壤和植被的覆盖处理。需要注意的一点是，塌陷坑周边多会存在一定的剥土，裸露面积偏大，一般在处理的过程中需要边检测边覆土。

4. 竖井的处理

在开采铀矿的活动中会有大量的浅井和竖井产生，为了环境保护的需求，对于这些竖井和浅井，我国政府也会进行必要的处理，比如直接封堵井口或是回填入废石废渣后进行风化料覆盖，这些做法都是为了防止对当地生态环境的正常恢复产生阻碍。

四、核电基础设施建设领域的实践历程

我国在核电基础设施领域发展迅速，核电建设处于持续稳定增长阶段，核能发电规模和比重将进一步提高，核电将成为我国绿色能源的重要支柱。

截至 2019 年年底，我国在运核反应堆 47 台，核电装机达到 4.874×10^7 千瓦，位居世界第三；已核准和在建规模 1.715×10^7 千瓦，位居世界第一。但核电装机占比仅为 2.4%，距离 5.4%的世界平均水平还有较大差距。实现我国核电追赶乃至领跑世界，表明我国的核电发展空间非常大。

（一）起步阶段

我国对核电站的试验研究最早开始于 1970 年前后，经历了四年左右的实验研究后，完成了对新中国第一座核电站即秦山核电站的设计，这标志着中国大陆无核电历史的终结。在此之前，全球仅有六个国家可以依赖自身能力自行设计并建造核电站。此后我国一直坚持核电建设的研发工作，并于 20 世纪 90 年代初展开了核电建设领域的首次国际合作（在 1993 年与 1994 年，广东大亚湾先后自法国引进两套 M310 型 9×10^5 千瓦的核电机组用于并网发电）。

（二）适度发展阶段

20 世纪 90 年代初，我国的电力供给比较充足，因此核电在这个阶段扮演着我国能源补充的角色，在此期间我国开始积极探索核电建设领域的国际合作，经过十余年的“适度发展”，初步形成广东、浙江、江苏三个核电基地。

我国在核电适度发展阶段建设的项目，如图 4. 4 所示。

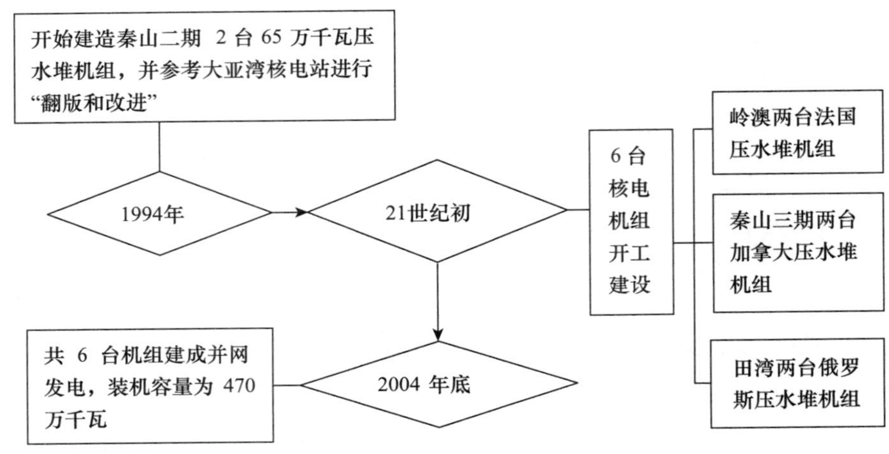

图 4. 4　我国在核电适度发展阶段建设的项目

(三)极快速发展阶段

改革开放以来，经过 20 多年的快速发展，我国经济社会越来越面临着能源电力供给的瓶颈，在这样的背景下，核能特别是核电的重要地位日益显现。在 2006 年 3 月发布的《核电中长期发展规划(2005—2020 年)》中明确指出了要“积极推进核电建设”，从战略层面确立了核电在我国能源体系中的重要作用，我国核电发展由此进入极快速发展的新阶段。

2013—2019 年我国核电装机规模逐步提升，如图 4. 5 所示，由 2013 年 1.466×10^{11}千瓦·时，到 2019 年突破 4.5×10^{11}千瓦·时。截至 2019 年年底，我国达到装机容量 4.591×10^{11}千瓦·时，核电发电量也到达历史性新高 3.481×10^{11}千瓦·时。

但是，自 2011 年日本福岛核电站核泄漏事故发生后，我国便严格控制核电项目的审批，加之民众对于核电安全的信任度降低，导致 2012 年后我国核电建设投资额逐年下降(如图 4. 6)，核电建设近几年脚步有所放缓。

根据对目前发展常态的目标预测，我国在十年后对核电总装机容量的最低需求为 1.18×10^{12}千瓦·时左右，这意味着当年核电所需的天然铀约为 2. 2 万吨，对应需消耗的铀资源储量为 3. 14 万吨。若按核电机组使用周期为 60 年来计算，至2030年建成的所有核电机组将共需要消耗铀矿储量为1.8×10^6吨。如果是快速发展方案，对铀资源的需求将更为巨大，因此，必须加强勘查和开发工作，以保障有足够的供应比例。

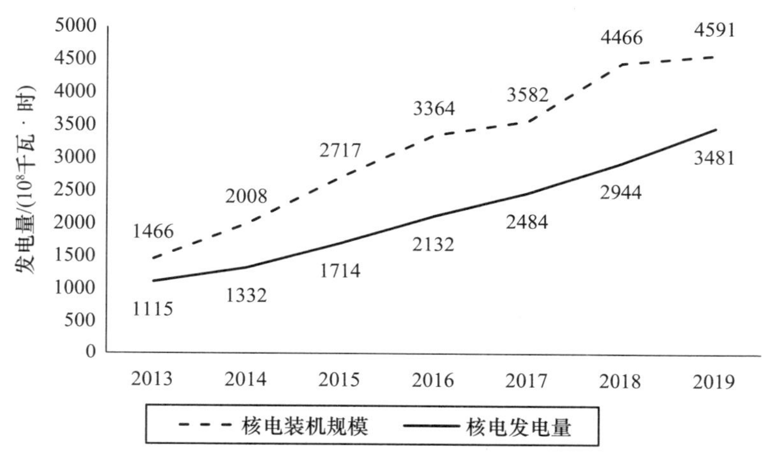

图4.5 2013—2019年中国核电装机规模和发电量对比图

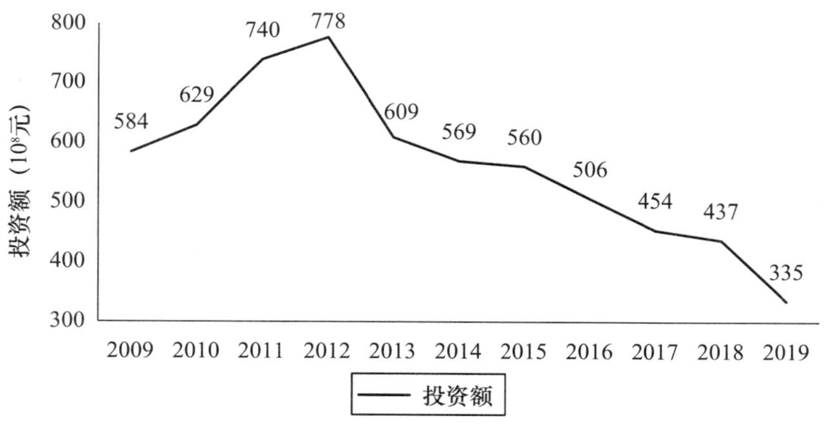

图4.6 2009—2019年中国核电投资情况对比图

第二节 国外核资源开发与环境保护的实践经验

铀矿开采与加工对环境的影响，除具有一般矿业对环境的影响外(如露天开采要改变地貌、废石堆积，地下开采有废石、废气及废水排出污染环境)，铀矿冶的特点是有 U、Ra 等放射性核素污染矿区及周围环境。目前各国均高度重视退役铀矿山的环境治理，并通过一系列制度政策及技术处理等措施治理环境，复土植被，清除或减少放射性对环境的污染，改善和美化退役铀矿山的环境。

一、世界核资源开发利用与保护的简要历程

(一)核资源开发在世界发展强劲

铀是一种储量极其稀少的放射性金属元素，平均含量在地壳中仅占约百万分之二。合理使用铀的途径有生产医学和工业的放射性同位素以及作为核电站核反应堆的燃料，其中第二个燃料的作用是最广泛也是最主要的。在作用于核反应堆的过程中，铀中的^{235}U同位素会发生裂变释放热量从而产生大量蒸汽推动涡轮进行发电。目前，核反应堆生产的电力占全球 16%，核发电量超过本国总发电量 1/4 的国家达到了 16 个，分布于 31 个不同国家约 439 个核反应堆的总净发电能力已超过 350 吉瓦。此外，还有近 40 个核反应堆正在建设当中。铀应用于核工业的历史并不久远但发展迅速，1942 年世界首座核反应堆于美国芝加哥大学落成。1945 年 8 月 6 日和 9 日，两颗原子弹被美国作为军事用途投于日本广岛和长崎，核能巨大的威力震惊了全世界。

50 年代初期，核能开始从军事用途逐渐转向了民用发电领域。1954 年，苏联奥布宁斯克核电站建成，装机容量为 5 兆瓦，人类进入了和平利用核能的时代，揭开核能用于发电的序幕。在此之后，英、法、美等国也相继开建不同类型的核电站。

随着核技术的提高与发展，核能发电在 1966 年的成本低于了火力发电成本，为核电的真正使用提供了可能，进入 70 年代，随着核电技术趋于成熟，

全球迎来了核电站建设的高潮。1973 到 1974 年的石油危机更是促进了全球核电业的迅速发展。在这个时期，印度、巴西、阿根廷等发展中国家也实现了核电站的建设。20 世纪 80 年代以来，世界核电发展经历了从沉寂到重启转折期，具体如图 4.7 所示。

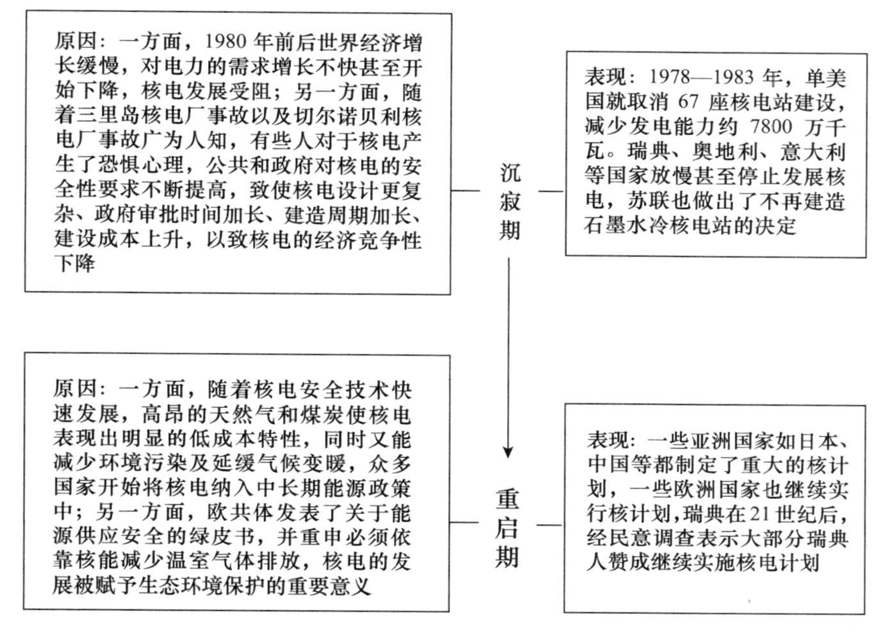

图 4.7　世界核电发展从沉寂到重启的转折

世界核电发展重启之后，虽然 2011 年福岛核电站发生泄漏爆炸，但究其原因是地震所引发的核泄漏，并随着化石能源短缺问题的日趋严峻，能源结构多样化的核电动力显得愈加重要，核电与火电、水电一样，已经成了世界能源的三大支柱之一。

（二）铀矿环保日益重要

随着核能应用技术的成熟，核能重视度的提高，核能需求量的急剧增加，铀矿开采量日益加大。毋庸置疑，铀矿的开采与利用极大地促进了世界的国防建设和核电发展。但不可忽视的是，铀矿的开采必然会对周围的生态环境造成一定影响和破坏，最突出的表现就是放射性污染。除与同其他矿产一样，铀矿在开采和冶炼过程中会产生废气、废水和废渣等“三废”物质之外，其开采产生的“三废”还另具有高放射性的特征。如果未及时进行恰当的处理，就会对当地的生态环境和社会环境产生放射性污染及危害。另外，铀有长达 40 多亿年的半衰期，这种危害性的影响可以说是永久性的，因此在核资源开发中环保的地位愈加重要。

二、主要产铀国核资源开发利用与保护经验

(一)美国核资源开发利用与保护的经验

1. 制度法律的保障

美国的原子能委员会自 1954 年取得《原子能法令》授权后(现在授权给核管理委员会)，开始全面管理“放射线源、副产物和特殊核物质”的生产、控制和处置。核管理委员会要求申请许可证的铀水冶工厂提交详细的环境状况报告书，并且还制定了尾矿坝构筑法、放射性物质向环境的排放限制、工厂操作法等限制制度。

美国环境保护局是由以前几个权限分散的管理机构于 1970 年合并设立的。该局的工作是管理铀工厂的水、空气和固体废物，发展放射防护设施。

1972 年出台的《水污染控制法修正案》规定各种废物的排放应按照环境保护局或国家颁发的许可证中规定的要求进行控制。排入地表水的铀矿山景观水质，应当按照国家污染物排放净化机构颁发的许可证进行控制。环境保护应对所有新的废物排放源适用最可行的技术要求，包括从地下、露天采矿或原地浸出作业中排放的矿井水。铀矿冶最实用可行的控制技术规程于 1978 年 7 月 11 日由联邦注册公布发行。

1976 颁布的《资源保护和回收法》对处置固体废物做了规定。地下开采和露天开采的废矿石以及原地浸出的方解石中^{226}Ra 和 Se 的含量相当高，这些废物必须受到这一规定的控制。因此，采矿、运输和废物处理都需要许可证。

2. 采矿过程控制

地下或露天开采铀会严重破坏自然环境，如果不严格控制，自然环境会受到污染。在铀矿上，最严重的环境污染问题是地下或露天开采时的排水引起

的。一方面，为了保持铀矿的生产，必须改善自然水位以下地段的水流方式。在这方面，美国对地下工程采用排水方法，使用一圈排水井，或使用矿井中的排水坑，或两者兼而有之。因此，排水通过使矿化岩石暴露在不饱和地下水中，改变矿化区的地球化学状态，从而氧化和溶解矿石中所含的有毒物质，降低了水位或井水位。实际经验表明，当矿井中的水从工作面流到矿井料斗时，^{226}Ra 和悬浮在水中的有毒物质会大量溶解。通过改进的排水系统，这种沥滤所起的作用大大降低。另一方面，需要对源头进行必要的处理。美国国家环境保护局认为，如果不进行开采，将不会有污染污水排放到地表，只要矿区面积扩大，水位就会降低，矿石中的污染物就会溶解。因此，美国国家环境保护局要求在从矿山排放水之前对污染物进行处理。

针对空气当中危害物的处理。通风排放的气流包含危害性的氡气衰变产物，因此，空气也会受到铀矿开采的污染。对于新矿井的开采，美国规定必须仔细考虑通风矿井的位置和方向。特别要严格控制工人的住宅区，因为这里的工人在工作时间也会受到 Rn 产物的辐射。

另外，在把铀矿石运到水冶工厂的过程中，产生的矿尘也污染空气。矿石在运输中从矿车中泄漏，沿着矿山公路发生了细长的放射性异常带。在美国，用矿粒的铀含量计算矿石运输中逸出的粉尘的放射性，推定矿粒造成的污染程度，判断是否达到防护标准。

开采中也有表外矿的出现，表外矿多作为废弃石处理，但是长期潜在的氡辐射体中含有的毒物却溶解在溪流中。对此美国采取了地产性的处理方法：干旱地区无法控制，但其他地区建设废石场，设置全面的处理系统来处理从废石场流出的废水。

3. 铀水冶

水冶本质上是要改变开采矿石的化学状态，以获得易溶解的铀浓缩产品。然而，与此同时，水冶过程也将溶解矿石中的污染物和毒物。铀提取后，溶解的污染物一般随废水转移到尾矿库。这些溶解的毒物可能渗入地下水或直接排入地表水。目前美国环保局已经在践行严格的环境管理条例，对其他的放射性污染源（如含铀磷酸盐矿采冶过程副产品），在颁布的《资源保护与回收法》中也对这类物质的稳固作出了规定。

4. 就地浸出

在美国，通过原地浸出回收铀资源正变得越来越成熟。原地浸出比常规铀矿开采和冶炼更有利于环境保护。一些地下浸出厂在回收铀时向大气中排放少量氨，但对空气几乎没有放射性污染，浸出液中铀的衰变产物溶解很少。此外，渗滤液中还有一些硒、砷和键。只要操作得当，浸出液不会到处流失。回收试验结果表明，原地浸出后，除氨外，水质可恢复到适用的水质标准或背景状态。鉴于氨的无害性质，一些管理当局允许在开采后根据合理的回收标准对其进行处理。

（二）澳大利亚核资源开发利用与保护的经验

澳大利亚是世界上铀矿资源最丰沛的国家，目前其探明的铀矿储量约为120万吨，达到了全球铀矿储存总量的三分之一，雄居世界榜首，而它的铀矿出口量也在稳步上升，已经成为世界上最大的铀矿出口国。丰富的铀矿资源以及较长的铀矿开采历史使得澳大利亚在开采铀矿与环境保护处于世界发展的前沿。

1. 制度保障

关于铀矿开采的放射性安全规则在国际上已发展了40余年，而其中最全面、最严厉的就是澳大利亚的放射性安全规则。澳大利亚拥有单独的采矿经营与污染法律—《在采矿和矿物处理中放射性防护与放射性废物管理的实践与安全法》，该法由各州政府管理。对于开采铀矿及经营过程中可能产生的污染物，无论是伽马射线及氡气辐射，还是摄取和吸入放射性微粒，该法律都有严格的控制标准，有利于环境保护的同时还保证了矿工及周边公众的人身健康。

针对铀资源勘查开发，2010年澳大利亚联邦政府制定了《澳大利亚就地回收铀开采最佳实践指南》，规定了新铀矿项目只有在符合最佳环境和安全标准条件下方能批准。

2. 采选的废物处理

一般开采过程中产生的废物，往往堆积在采坑附近，它们在开采结束后可能会被土地复垦，可能堆积成型或重新被植被覆盖。但这些废物多数含有镭等放射性物质。而在澳大利亚，政府对开采方式、尾砂处置、终止管理及土地复垦都有着自己的一套规定和监督检查工序。对于这些属于废物的尾砂，澳大利亚采取了氡气扩散最小化的应对策略。在开采过程中，为了降低放射性物质以及废物中所含的氡挥发，水始终覆盖在尾砂坝的物料上，等到采矿活动结束时，用2米左右的黏土和表层土再覆盖在它们上面，然后覆盖植被，最大程度地降低放射性水平。

除了这些有毒的固体废物，产生的有毒液体则是流入了安全的澄清池中储存，最终这些液体或是自然蒸发，或是得到回收再利用。目前澳大利亚的大部分矿山，都已实现“零排放”。与美国相同，澳大利亚就地浸取发展技术也较为成熟。经氧化处理后的地下水贯穿地下铀矿床，将铀溶解再输送于地面。这样不仅跳过了尾砂处理，还降低了有毒物质的含量。当循环结束，氧的输入也同时结束，地下水就自动恢复到正常状态。此处理方法既简便又有效。

3. 土地复垦

采矿进入结束期时，澳大利亚会把足够的黏土和土壤永久性覆盖在尾砂上，这种做法能减少伽马射线和氡气的扩散，使其数值降到接近该区域自然水平。此外，还会用大量的岩石来抵抗侵蚀，最后再在该区域建立植被。

昆士兰州的玛丽·凯思琳是澳大利亚第一个铀矿复垦项目场地。原本它是由工厂场地、一个28公顷的尾砂坝以及一个60公顷的蒸发池组成。而这个场地现在已变为一个普通的养牛场，人员可以自由出入。玛丽·凯思琳复垦项目于1985年完成，恢复工作耗费约1900万澳元，获得了澳大利亚工程优秀奖。这个项目也说明澳大利亚在铀矿开采恢复工作上的成熟与发达。

（三）哈萨克斯坦核资源开发利用与保护的经验

哈萨克斯坦铀矿资源丰富，目前铀年产量居世界各铀生产国之首。自2009年起，其铀产量呈较大增长趋势，在全世界一直保持领先地位。为了充分利用铀资源促进经济发展，哈萨克斯坦积极吸引国内外对铀资源开发利用的投资，并与许多国家开展了合作，主要是通过政府间签署和平利用原子能的战略伙伴合作协议，以铀资源换取资金，以商定的价格向投资者出售铀矿、建立合资企业和承销产品等模式开展合作。但是国内没有核电站，铀产量全部出口。因此哈萨克斯坦对于与其他国家的开发合作方面制度较为完善。

1. 拥有稳定、清晰、透明的矿业法

1992 年，开始施行《哈萨克斯坦矿产资源法》，目的是调整矿产资源的所有权和矿产资源的开发、加工利用、地质研究和保护的权利。到 1996 颁布的《地下资源及地下资源利用法》，作为哈萨克斯坦矿产管理的主要法律依据，它包含地下资源利用管理机构、地下资源利用权限、勘探开发许可等主要内容。它规定所有地下资源都属于国家，也包含强制性政策。例如，除非发现具有经济价值的矿藏，否则在勘探许可期限内，必须放弃至少 50%的合同区。投资者必须优先雇用哈萨克斯坦工人。

2. 修改完善专门的外国投资法

哈萨克斯坦鼓励外商对哈进行投资，发展同各国的经济技术合作。制定了一系列相关的法规，比如《哈萨克斯坦共和国所有制法》《哈萨克斯坦共和国投资法》《哈萨克斯坦共和国对外经济活动基本原则法》等，从法律层面为国外投资提供了保障，通过减免税、免除关税、提供国家实物赠予等特惠政策，鼓励外商流向优先投资领域的投资。同时，还成立了“吸引和利用外资委员会”，用来强化其对吸引外资工作的领导。

（四）俄罗斯核资源开发利用与保护的经验

俄罗斯蕴含丰富的铀矿资源，储量居世界第三位，其铀矿储量和资源量高度集中，大部分集中在远东南部地区和东西伯利亚地区与中国毗邻的维季姆、艾利康。自 20 世纪 90 年代以来，俄罗斯制定并实施了与矿产相关的近 60 部法律，其中最重要的是 1992 年《地下资源法》，是地下资源研究、再生产和利用方面最重要的法律文件，明确了对制定矿物原料和地下资源利用领域的政策目的和基本原则。同时，俄罗斯在铀矿冶企业退役管理和监管技术方面积累了一定的经验，随着退役管理工作的深入，根据国内实际情况，在 1991 年制定了相应的职业健康和辐射防护标准和规范《放射性矿石开采和加工企业退役、关闭的卫生规定》，对铀废石场尾矿库的退役治理工程和管理问题作出了具体明确的规定。

1. 地表与地下堆浸工艺

以俄罗斯西伯利亚红石地区的 APFYHCK 为例，这种矿表外矿石的地表堆积多年以来，即使在西伯利亚的严冬也照常进行堆积。在冻结层的 2.0 米以下也可以照常进行输液和滴灌浸出。在部分地区，为了防止冻结，有时也通过将聚乙烯薄膜覆盖在矿山表面上，这种措施具有保温作用。通常淋浴、滴灌系统采用高强度聚酯塑料管，干燥管下采用小口径聚酯塑料管和喷嘴，将溶液输送到浸渍炉。渗出液被收集到集液池，用泵送到铀回收工厂，吸附在离子交换塔上，树脂从上往下流过塔内，渗出液从底部向上流过，是密封型流化床。饱和树脂用酸冲洗，合格液用氨水沉淀过滤制造的重铀酸铵产品分类，铀含量为 40%。树脂通过“HNP”再生后可以重新利用，采用地下堆浸工艺，原地爆破矿石粒度一般为 50~200 毫米，底部中段作防渗漏处理。酸化水从上部中段开始用高强度的聚酯塑料管，经过直径为 3 米深钻孔注入矿体中。浸出液汇集到集液池之后，用泵打到的地表水冶厂进行铀的回收处理。

2. 控制氡析出率

根据矿坑的氧析出规律，采取综合控制氧析出率的措施，如尽量减少矿石在井下的贮留量、喷涂防氧层、将水泥砂浆层喷涂在矿井和采空区的矿岩露出表面和岩壁上、及时排出矿坑水等。

（五）日本核资源开发利用与保护的经验

早在明治维新时期日本就已经开启了海外矿产资源的“原始积累”，从第二次世界大战后到 1960 年前后，日本矿产企业对外扩张的形式比较单一，主要以购买其他国家的矿山为主要形式。但是，如果单纯依赖矿产资源的进口，引起高矿产资源的对外依存度，则容易在国际政治经济竞争中处于劣势。在满足经济发展对矿产资源的强烈需求的同时，保障资源安全，避免在国际竞争中陷入竞争劣势，在政府、独立行政法人、政策性金融机构和矿产企业的密切合作下，日本逐渐形成矿产资源国际化战略，保护国家资源安全。

20 世纪 90 年代后，企业被鼓励进行综合经营和多元化开发，建立了涉及勘探开发、船舶生产和精炼等多个环节的一体化企业。日本政府还开始重视在资金、财政支持和税收优惠方面对日本矿产资源国际化战略的全面支持。2011 年核电危机之后，日本国际协力银行也积极为矿产资源企业发放低息贷款用于参股海外矿产，确保日本的能源资源安全。

第三节　国内外实践及有益经验

由于历史以及其他方面的原因，我国目前仍存在一定的放射性遗留废物，究其根本还是处理放射性废物的技术能力较为欠缺，配套的除污环保能力与核工业发展速度不相适应。当前我国核资源开发与生态系统耦合协调发展仍有不足，本节结合前文对国内外核资源开发与针对其可能带来的环境污染防治相关实践的回顾，总结出如下几点有关核资源开发与生态环境保护的有益经验。

一、加强对铀矿开发过程中相关制度体系的完善

随着环保事业在我国的深入推进，与环保有关的法律也在不断地得到完善。但是，专门针对铀矿开采与开发的规章制度与法律较为欠缺。各个地区需要根据实际情况，因地制宜制定单独的采矿经营与污染法律以及核资源开发与污染防治的管理办法。同时，由于长期的习惯因素，目前我国铀矿开采工作者们的环境保护意识总体上还较为薄弱，这使得铀矿开采极易对环境造成一定程度的破坏。鉴于此，国家有关部门要深入调研了解铀矿开采中实际情况并进行系统的分析研究，出台更多合理完善的铀矿开采相关法律法规，这样一方面对企业能够起到指导与约束的作用，一方面也能降低环境的污染，并且对人们特别是矿区周边群众的良好生活环境起到保障的效果。

健全矿产资源综合利用规划体系，在新一轮全国矿产资源规划和省级矿产资源规划中突出提高矿产资源开发利用效率的内容，明确提高矿产资源综合利用效率的目标、任务和具体措施，将《金属尾矿综合利用专项规划》纳入《矿产资源节约和综合利用规划》。各矿业大省要编制实施省级矿产资源节约和综合利用规划，落实国家规划中的主要任务、指标和政策。以规划实施为抓手，发挥规划对矿业权设置和矿产资源高效利用的统筹调控作用，将矿产资源综合利用政策与规划实施相结合，提高规划权威性。健全矿产资源节约和综合利用规

划中期评估和滚动修编机制[①]。

西方发达国家不仅全局把控，更是针对细节完善相关的法律法规。美国在尾矿坝构筑法以及放射性物质向环境排放等问题制定了规章制度。俄罗斯针对铀矿冶设施退役治理制定了《放射性矿石开采和加工企业退役、关闭的卫生规定》。美国、澳大利亚等国家各州政府以国家纲领为主，以当地实际情况制定一套针对性的收尾处理规章制度。在铀矿勘探开采活动结束后，企业必须按照政府的规定严格完成符合要求的收尾工作。这种做法既让尾矿的环保的质量得到提高，还完善环保法律法规体系。

二、完善铀矿地质勘探过程中环境保护策略

在铀矿开采、加工和纯化的过程中，大量含铀、镭等天然放射性有害物质也会随之产生，若处理方法不恰当，就会形成潜在辐射危害周边生态环境。为了生态的良性循环以及铀矿可持续良性开采，首先要做的就是贯彻落实“废物减量化、废物再利用、废物处理和管理”的循环经济战略方针。从源头抓起，尽可能让采、选、冶炼和纯化生产过程的“三废”产生量降到最小，加强废物处理、处置率，提高循环利用率，这样不仅保护了环境又提高了核资源的利用。

（一）矿井水铀回收

矿井水中往往含有一定的铀，并且排放量较大，因此从环境的保护角度，必须对铀矿的矿井水进行铀回收处理。具体的操作是采用固定、移动两种离子交换法，使铀的回收率能高达80%~90%。另外，对于其包含的镭也同样应进行处理，比如可以采用氯化钡、软锰矿或者活化锯末等方法除镭，这些方法的平均效率约为70%。

（二）水冶座水处理

我国目前阶段对铀水冶废水处理所采用的一般方法是中和石灰乳后再在尾

① 宋建军．提高矿产资源开发利用效率的思考[J]．国土资源情报，2015(9)：28-33.

矿库进行沉淀除铀，而除镭多是用硫酸钡及软锰矿法，这些方法的去除效率约在60%~80%的范围。对于当前去除效率在技术上暂时无法提升的情况，可以从源头方向来寻找其他的处理方法。根据国外的先进经验，从源头减少废水量可通过萃余水来返配浸出液，沉淀母液冷冻除硫酸钠后，返回制备反萃取剂，通过这样的处理过程，废水基本能实现零排放的效果。从源头入手，对于铀矿企业来说，不仅能减少原料耗费、降低成本，还提高了铀的回收率，另外还有芒硝的副产品保留回收，促进了经济效益的提升。对于社会来说，矿区安全、公众健康，环境保护都能得以改善。

（三）堆浸、原地浸出废水处理

目前铀矿堆浸工艺产生的废水返回及复用技术较为成熟，再利用率高，一般比例为70%~90%。经过铀处理后，原地浸出矿山的浸出尾液中铀浓度平均值为3毫克每升，100%的尾液被用来配制浸出液并最终注入地浸采区。我国应当大力推广采堆浸、原地浸出废水处理法，降低废水外排量，减轻废水中放射性物质对于环境的污染。此外，可以借鉴美国改进低于天然水位地段的水流方式，使矿石中所含的放化物质和有毒物质氧化溶解，减少废水中的污染物。

（四）水冶工艺的水循环利用

水冶工艺的萃余水、吸附尾液可以被利用来配制淋浸液，沉淀母液在萃取过程中可用来配制反萃取液，这样不仅能代替新水减少资源的浪费，保护环境，同时能达到提高企业边际效率的目的。

近年来，数字化不断深入各个行业，包括采矿业在内，数字化不仅可以提供安全可靠的生产环境，还可以大大提高矿业的生产效率。通过数字矿山的建设，实现矿冶生产的数字化和自动化，运营管理的信息化和科学化，矿冶生产管理的标准化、系统化和规范化，矿产资源的可持续开发，降低成本，提高安全生产管理的可视化水平，及时掌握生产运营管理动态，实时合理调整生产计划。同时，提高矿井安全生产管理水平，有效促进企业实现降本增效。水冶的数字化源于集团公司提出的数字矿山发展战略。水冶在技术改造过程中，不断实现生产过程的集中控制，大大降低了劳动强度，改善了工作环境。然而，在数字化建设中仍有一些问题需要解决①。

（五）铀废石和尾矿的处置与利用

首先，废石可作为填充材料，回填到矿井采空区域，这样解决了填充材料同时还降低了地面存量的堆积问题，有效地保护了环境。因此，政府科研机构可以努力研究更高效的充填矿山技术，提高矿口废石回填率。其次，可以用铀矿内的废石来建造挡渣墙及尾矿库坝基，甚至作为矿山工业厂房基础材料实现再次利用。

在对待尾矿时，也是采取处理与利用相结合的措施。先浓缩尾矿浆至其浓度达40%～60%后，其因性质改变而促发集体沉降的现象，这样会减少勾流并提高尾矿堆的稳定性。减少尾矿浆体25%以上，与此同时，环境状况也由于尾矿浆体的减少而大大改善。澳大利亚在处理尾矿时，将大量的黏土和土壤永久性覆盖其上，以减少伽马射线和氡气的扩散。还会用大量的岩石来抵抗侵蚀，最后在该区域建立植被，将伤害降低到环境可承受的范围中。

（六）铀共生和伴生矿的综合回收利用

现阶段，我国所发现的铀矿资源中，有40%左右共生或者伴生矿有其他矿物元素。其中，铀资源占比达到五分之一的火山岩型铀矿床伴生元素种类尤为繁多，其次类似的还包括铀钼矿、铀钼钒矿和铀磷矿等。在已探明的超500吨储量硬岩铀矿床中，就有数十个铀钼共生矿床。另外，铀铜、铀砷、铀汞、铀煤等共生或伴生的矿也比比皆是。因此，回收利用铀矿资源时就一定要充分回收好铀共生或伴生矿。比如在对含铀的煤矿进行回收再利用时，可先燃烧含铀褐煤，利用燃烧煤产生的热能来发电，再收集好炉渣、飞（烟）灰，把它们作为原料通过水冶来实现铀的回收。

① 董宏真．浅谈某铀矿水冶数字化建设[C]//中国核学会．中国核科学技术进展报告（第五卷）—中国核学会2017年学术年会论文集第2册（铀矿地质分卷（下）、铀矿冶分卷）．中国核学会，2017：6.

（七）三废治理

目前研发的乳化液膜分离法、生物吸附法、零价铁处理法和改性膨润土处理法可以解决传统处理工艺存在的问题。选择将上述一种或几种方法联合使用，以达到理想的处理效果，并为放射性废物的最终处置创造良好条件。英国研究发现大肠杆菌配合肌醇磷酸可回收铀技术，改进技术除了经济上的优势外，还具有环保效益——回收再利用农业废料，同时，清洁了水中的铀污染。

第五章

核资源开发利用与生态系统的耦合关系

第一节　核资源开发利用对生态环境的影响

核资源开发利用的整个过程对矿区生态环境系统的影响是全方位的，尤其是不合理的开发方式会进一步造成当地生态环境恶化，这些影响总的来说可以分为三大类。

一、对环境质量的影响

核资源在开发利用过程中无可避免地会排放出废气、废水、废矿石等。这些有害物质能够经大气系统、地表径流等途径分布和扩散，对当地的空气、水体、土壤等各种环境体造成破坏和损害。核资源在开发利用中，除了有与其他的矿产资源一样的污染问题外，最大的危害在于具有辐射污染，这与核资源的特性相关，主要包括大气辐射、水体辐射、土地辐射等污染。这些辐射污染因素对公众造成危害的途径很多，比如空气吸入、食品附着食入、污染物质直接接触，以及辐射污染源直接外照射等，这些都会对人、动植物等产生内、外照射。

（一）对大气的污染

矿产资源开发过程对环境，特别是大气环境的污染和破坏是较为严重的。其污染方式复杂，并且污染作用可以持续很长时期。物理污染较为直观，除了来源于采矿过程中的钻孔及爆破作业等，也会因为矿石、废石的运输而产生粉尘污染。化学污染主要来源于部分矿石、废石的暴露堆置，或长期堆置在尾矿坝里。这些废弃物在空气中会形成矸石山，从而释放出 CO、H_2S 等有害气体。矿产资源被发掘出来以后，在冶炼过程中同样也能形成各类有害气体、液体、粉尘等。这些污染物综合作用于矿区的大气环境，使得当地大气自然状态性质、成分等发生变化，严重情况下还会导致酸雨等，极大的影响开发区环境稳定。

核资源开发利用过程对大气环境的影响还会产生铀矿粉尘，造成核辐射污染。这些放射性的粉尘污染源主要是因为施工中坑道、矿石等被爆破、凿刻。铀、镭等元素和其衰变的子体扩散进空气中，能够形成随空气被吸入人体的放射性气溶胶。尤其是镭衰变后形成的放射性氡气会引起巨大的放射性隐患。这类放射性气体被人、动植物吸入后，滞留时间长，由此带来的内照射危害较大。因此我们说，在核资源开发中污染气体一旦扩散到大气，进入生态圈后，会给生态环境带来无法估量的后果。

（二）对水体的污染

矿产资源不论在开采还是选冶的过程中对水的需求量都非常大，因此更容易造成水体污染。目前，大部分资源在开采过程中所产生的废水、废液等大都处理不达标，这种情况下废水一旦排放到地表、地下水系中，会直接污染水体，进而对周边地区的生产、生活用水造成困扰。选冶过程中实际用水量更大，因此企业大多选择在水系与水库旁边或者是水系上游建厂，同时矿产资源的选冶还面临尾矿的安置问题，这会带来两个水体污染的巨大隐患：第一，尾矿水的处理。选冶废水和尾矿中含有各种残存的浮选药剂、各种重金属离子、硫化物等，会对开发区的水体与土壤造成十分严重的污染。第二是尾矿坝的维护。尾矿坝是尾矿水初步处理的场所，尾矿水主要在坝内贮存澄清，简单净化后的尾矿池溢流水可以再次投入到一些简单的选冶工作。一旦尾矿坝维护不利，或是因为各种原因导致溃坝现象的发生，会出现较大的水体污染事件。

在核资源开发利用中，还需要注意放射性水体污染。这主要来自核资源开采坑道中的废水，这类废水中大多含有放射性元素。如果对放射性污水处理不及时或不到位，一旦从地下水、地表水系统进入农田、湖泊、河流等，就会给当地的生态环境系统造成巨大的危害。

（三）对土地的污染

矿山及选厂的兴建过程中要占用大面积土地。地下不合理或违规开采则有可能导致地面出现沉降、裂缝等问题。严重的情况下，还会引起滑坡及地表塌陷等地质灾害。选矿完成后，还会出现大量废石和矿渣，常被用于采矿区回填，或是在矿区堆积。如若不采取有效措施，会使得当地土壤出现有毒物、重金属等超标，或者是酸碱度异常。另外，采矿、选矿过程中的大型设备也会使得土壤受压，变硬，板结等情形。原本脆弱的土壤环境进一步恶化，土壤性状也会发生改变，土壤中的有机质和水分等加速流失，从而影响地表的生态环境变化。在核资源开发过程中，废矿石、废矿渣还有探槽和剥土等各种设施、废弃物均可能存在放射性危害。在处理不及时的情况下，部分废矿石、含放射性的土堆等在雨水冲刷下逐渐分散到附近的环境中，日积月累下会带来一定的辐射危害。

二、对生态系统的影响

（一）对地貌环境的影响

核资源作为矿产资源的一种，在开采过程中同样可能会引起地表下沉导致地表积水或地貌改变。露天开采则会破坏较大面积的土地，其表面植被一旦被破坏，较难恢复，极大的影响地形地貌。井架高耸、管线密布的矿山选厂在建设生产运营过程中还会污染大气、土壤和水体，使得原有的生态环境难以恢复。

（二）对生物群落的影响

资源开发带来的废弃污染物多为酸碱异常状态，或者含有有毒、重金属等成分，通过对矿区的大气、水和土壤的影响，会逐渐对当地生态系统中的各种生物群落造成致命伤害。严重的会摧毁区域内的生物群落，或对更大范围内的生物多样性造成影响。同时，核污染物所特有的放射性，更会对区域的动植物生长、恢复带来较大的限制作用，加大了生态系统的破坏程度，增加重建工作的困难。

（三）噪声污染

矿山噪声源数量多、分布广。在矿产资源开发过程中，目前大部分矿山为机械化作业，采掘过程中会因为凿岩机、钻机、风机等各类电机的使用产生很大的噪声。同时还会有比如爆破、维修、运输作业等也会增加噪声影响。在选冶过程中，选厂的选矿系统也是噪声的主要来源之一。在核资源开发利用中，矿石、废石均会产生大量的 γ 射线，对凿岩、爆破、装运等过程中的作业人员形成强烈的辐射。为了减小工作人员辐射风险，降低外照射接触时间，远距离操作以及机械化作业是提高工作效率的必经之路[①]。因此，核资源开发中的噪声污染更为明显。许多设备和作业区的噪声已经大大超过了国家标准 90 分贝，对区域及附近的生态环境带来了较大影响。噪声一旦超过 140 分贝，就有可能诱发疾病，破坏仪器的正常工作，对栖息于该地区的动植物构成生存威胁。

（四）引发地质灾害

事实上，矿产资源包括核资源多分布在地质构造复杂的区域，而这些地区恰好也是生态环境相对脆弱的部分。在开发过程中，一旦出现无序开采、管控不严等情况，容易引起滑坡、山体崩塌、泥石流等地质灾害，严重时还会涉及矿山及其相邻地带。同时对水体、土壤、土地及植被的各项破坏更会加速当地的水土流失问题：由于矿产资源采掘等工作会使得地表土层破坏，剥离植被系统，形成沟槽，地质结构破坏，地表水流向、流速受到影响，这些都会引起水土可移动性加强，为水土流失提供了物质和流体来源。

---

① 刘洪超．铀矿退役整治工程辐射防护与环境保护［J］．绿色科技，2019（24）：169-171.

第二节 生态环境与核资源开发的相互关系

一、核资源开发利用区域生态系统功能

在核资源开发区生态系统中，存在自然形成的各种物流、能流和信息流等。在资源开发利用过程中，人类通过劳动、技术、信息等手段传导和控制这些物质、能量和信息，使其转化成经济性的物流、能流和信息流，也就是形成价值流[①]。核资源开发区的生态系统功能，指的是核资源开发区域中的生态系统及其各个组成部分在整个核资源开发利用的过程中所扮演的角色和所发挥的支撑作用。除此之外，这些生态系统也会相应地对开发区的生活、生产活动起到一个反馈作用，这体现在生态系统中所赋存的核资源的持续供给能力，生态系统对核资源开发的持续承受能力、破坏活动的缓冲能力，以及对人们活动的调节能力。这些共同构建出核资源开发区可持续发展的基础。

(一)资源开发区域生态系统演化

核资源开发区的生态系统演化大致为这样的一个过程：首先，核资源开发利用除了带来资源环境的消耗外，也会带来开发区的生产、生活水平提高，在一定程度内，能正向促进相应的社会文化、科学技术发展，激发创新能力，从而使区域内资源的利用和产出效率大大提升。这在初期程度内可以抵消掉一些开发区的资源耗损和环境压力。这时资源开发和生态环境两者还可以和平共处。但是随着资源开发的经济规模的无序扩大，当地生态系统所承担的资源消耗压力剧增，生态环境的污染与破坏加剧。这会大大削弱核资源开发区的生态系统承载能力，出现一系列环境问题、地质灾害等会反向制约核资源开发利用

① 梁若皓．矿产资源开发与生态环境协调机制研究[D]．中国地质大学(北京)，2009.

活动的发展。由此可知，核资源开发利用系统与当地生态系统的相互关系具有较大的不确定性和复杂性，会受到较多因素的调节和影响。因此，我们除了要系统认识核资源开发区生态系统运转规律，还要善于利用开发区生态系统反馈调节机制。根据核资源开发区实际发展的不同时期各个反馈机制的反馈信息，调整开发利用活动的强度。

人们对自然界认识水平受到不同的时代和社会形态影响，存在阶段性的差异，这一过程中的矿产资源开发区生态系统总体可以分为三种不同的类型。

1. 原始型生态系统

此时，由于人类社会还没有进入大规模的社会化生产。因此，矿产资源开发利用程度很低，几乎没有形成产业规模。在这种早期的矿产资源开发区阶段中，它的生态系统结构比较简单，受制于当时较为低下的生产力水平，资源开发利用活动主要限制在小范围、小批量的封闭式循环之中。相应的，这时的生态系统压力比较小，两者可以和谐共存。

2. 掠夺型生态系统

随着 19 世纪资本主义世界进入工业化时代，社会生产力水平迅速提高，对各类资源尤其是矿产类资源需求也不断扩大。因此，矿区的矿产资源开发程度飞速发展，人们为了追求经济利益进行掠夺性的开发，出现的情况包括矿产资源利用效率低下，资源贫富差距导致的浪费现象等，形成一种掠夺型生态系统。这种情形下，人们缺乏生态—生产协调的思想意识，导致原来较为平衡的资源区生态系统遭到严重破坏。这时的矿产资源开发区生态系统反馈机制亦随之开始作用，各种生态环境问题，地质灾害频发。这种生态系统类型因其不合理性势必会继续向更高级、更合理的生态系统类型转变。

3. 协调型生态系统

由于掠夺期生态环境阶段的发展，矿产资源开发利用活动与生态系统之间的矛盾被极大激化。这一时期，人们已经认识到生态与经济协调可持续发展的必要性。人们开始寻求资源开发与生态系统的和谐发展，研究制定各种资源开发利用政策方案。人们认识到生态系统中的各要素要能够实现与外界环境充分均衡地物质与能量交换。与此同时，由于文化、科学技术发展，生产力水平也迅速提高，直接反应在矿产资源的综合利用率的提升上。这些都会使生态系统的保护得到巨大改善。这一阶段内，矿产资源开发区灾害发生的次数和频率降低，生态系统得到一定的保护和修整机会，其平衡能力逐渐恢复。矿产资源开发利用系统与开发区生态系统之间的关系和相互作用慢慢走向协调，逐步进入可持续发展状态。

（二）生态系统功能实现机制

核资源开发区的生态系统通过三个实现机制来发挥其基本功能：交流机制、适应机制、反馈机制①。其中，交流机制为生态系统基本功能；适应机制执行系统对外界环境和内部变化的反应和适应，反馈机制以维持系统的相对稳定和均衡状态为终极目标功能②。三个基本机制的作用是相互交织进行的。在三大机制共同运作下，系统内的所有成分能自发地通过自我调节过程来实现各个成分自适应，彼此相互协调，最终趋向一种平衡状态：更稳定的结构，功能和能量循环③。因此，在不受干预的自然条件下，生态系统会自发地逐渐向着结构复杂化、种类多样化和功能完善化发展，以达到平衡状态的持续。

一般情况下，交流机制帮助核资源开发区生态系统实现与外界系统之间的物质循环、能量交换和价值实现，适应机制和反馈机制共同帮助维持自身和与外界系统之间的非稳态平衡。由此我们可以得知，重视和加强生态环境的三大机制是调节和优化核资源开发区生态系统功能的必经之路④。人们对核资源开发区生态系统认识越深就越能了解和增强自己对开发区生态系统演化过程的调控和干预。避免出现核资源开发利用对环境影响的绝对量超过当地生态环境的承载阈值，保证开发区生态系统维持有序均衡状态。

（三）生态系统的反馈调节

在生态系统三大机制中，反馈机制与我们核资源开发利用系统关系最为密切。尽管生态系统具有自我调节和维持的特性，很大程度上它能自发的克服和

---

① 卞丽丽．循环型煤炭矿区发展机制及能值评估[D]．中国矿业大学，2011.

② 梁若皓．矿产资源开发与生态环境协调机制研究[D]．中国地质大学（北京），2009.

③ 李云燕．循环经济生态机理研究[J]．生态经济（学术版），2007，189(2)：126-130.

④ 同②.

消除外部系统的影响和干扰，以保持自身的稳定性。但当生态系统中某一组成部分出现变化的时候，就会引起其他组成部分发生相应改变。一连串的改变后最终会影响最初发生变化的环节，这个过程就叫生态系统的反馈调节。可以把生态系统看成一个弹簧，它能承受有限范围内的外来压力，压力解除后还可以恢复到稳定的原始状态。可一旦外来压力超过“弹簧”承受阈值，就会引起形变，不再具有弹簧的功效。同样的，由于生态系统承受能力存在区间范围，早期的生态环境平衡被打破可能因为反馈微弱而难以察觉。但生态危机一旦出现就很难在短期内治理恢复。因此，在核资源开发区，我们需要根据资源开发的实际发展阶段，识别不同时期生态系统反馈机制运行强度。除了抓好经济、社会效益外，还要把握好生态效益的保护力度，才能保持生态系统的基本稳定与平衡。

二、核资源开发利用与生态系统的关系

（一）核资源与生态系统相互依存

核资源存在于生态系统之中，这是进行核资源开发利用的前提和基础。随着人类社会的繁荣发展，对能源的需求日益增加。但现存的化石能源逐渐衰竭，它们的使用还带来臭氧层破坏等全球性环境问题。生物能、风能等可再生的非化石能源虽然发展迅速，但受到技术瓶颈和经济制约，无法大规模利用。只有水电资源可以较大规模的开发利用，但仅靠水电资源一项，仍难以满足当今经济社会发展的需求。在众多替代能源之中，目前既清洁经济、又相对安全可靠的核能具有最强、最现实的竞争力。核资源的开发利用成果会在一定程度上解决或者减少来自其他非清洁能源使用过程中带来的环境污染与破坏。核资源系统的经济、社会活动建立在生态系统的物质基础之上，两者之间通过相互影响，互相反馈等紧密的交织作用，实现能量的良性循环。

相应的，整个生态系统在核资源开发利用过程中产生的有害物质或者垃圾废物量会给出一个环境承载能力的阈值，核资源开发受到制约。核资源开发行为是以发展为目的，而生态系统的运行是发展的保证，是基础。对于我们需要的资源开发来说要求对生态系统实现“最大利用”，但生态系统本身的诉求则

是获得“最大保护”。两者存在明显的差异冲突，需要人为干预来实现两个系统的协调发展并满足社会要求。即在核资源开发利用的同时，也要保护自然环境，维持其基本稳定。这可以通过制定核资源开发区的各项政策及发展规划，制定相关的企业规则条例等，对我们的资源开发利用活动加以引导和限制，有效的干预和调控当地的生态系统变化。政府牵头、企业和公众的积极参与，共同促进核资源开发利用系统与生态系统两者合理、有序的交流互动，最终达到可持续发展的目的。

（二）核资源开发利用对生态资源有明显影响作用

核能是具有潜在危险性的一种绿色能源。虽然核能具有来源丰富、安全、清洁、高效等明显的优点，但是核资源的开发利用对生态环境还是会带来一定程度影响，最后反过来影响整个生态系统的平衡稳定和可持续发展。例如核事故或核泄漏，这类事件对各国乃至全人类影响都是灾难性的。因此，任何拥核国家都要科学合理的地对核能进行开发利用。只有将核安全管理放在首要的位置，才足以保证核能开发利用的安全。

1. 核资源开采对生态系统的影响

如前文所述，核资源作为矿产资源的一种，它的开采除了具有影响地质地貌、出现废石、废气及废水污染等矿产资源所具有的同类影响外，还会带来核资源所独具的放射性影响。以铀矿为例，在它的开发过程中可能对矿区及周围环境造成铀、镭、氡等元素的放射性污染；尽管铀矿冶中排放的核废弃物 α 表面污染和 γ 外照射的强度不高①，但其释放出的氡易于被吸入，其产生的内辐射能给生物带来巨大危害。这些均会对开采区当地带来影响，长期来看污染范围还会逐步扩散，给人们的生产生活造成各种问题。目前我国对于核资源矿山企业的生态环境保护和治理工作非常重视。尤其是针对退役矿山的“补救行动”：具体通过清理废弃物、覆盖填埋等措施防止污染物扩散，对开发区环境进行治理。对被开发和破坏的区域进行复垦，恢复植被，治理放射性物质对环

① 卿永吉．长江流域铀矿资源的开发与利用[J]．长江流域资源与环境，1994(2)：147-151.

境的污染和破坏，改善区域环境，保护人民健康。

2. 核资源利用对生态系统的影响

在核资源利用过程中，核电站排放的废物是当前对生态系统造成放射性污染的罪魁祸首。核电站的废弃物主要由各种放射性氙、氪等惰性气体，少量未经燃烧充分的铀、钚、铯、钍等核反应后的产物组成。这些物质仍然具有一定的放射性。同时，核电厂运行过程中还会散发大量的热能，有可能对周围区域内的空气、水源等产生影响。传统的解决方式是用水作为冷源，因此我国已建成的核电站尤其是大型的核电站选址都在海边，如大亚湾、秦山等。

第三节　核资源开发利用系统与生态系统耦合关系

一、耦合关系类型

生态系统是一个高度精密的有机系统，它的各个要素之间关系十分紧密。核资源开发利用系统与生态系统的互相影响从两个系统运行的各个环节作用开始，不仅包括初始的资源开发对生态环境的自然物理作用，还包括生态系统受到核资源开发后出现的改变以及由此带来的反馈作用，同时两者的相互协同作用也是由始贯终的。根据两者之间不同的耦合情况，可以从如下两类来阐述核资源开发利用系统与生态系统耦合关系。

（一）周期性耦合

前文中已论述到，在核资源开发区，随着资源开发与利用活动的发生和发展，生态系统的演化具有三种不同阶段。在这些不同阶段，核资源开发系统和生态系统之间的相互作用有明显差异，这就会形成不一样的周期性耦合关系。

在初始阶段，核资源开发利用活动还是在较小范围和程度上，其与开发区的生态系统之间的相互影响较小，尚能维持基础的平衡状态。随着人们对核资源的开发力度剧增，相关的生产生活会给开发区的生态环境带来巨大压力。这时核资源开发利用系统对当地生态系统的作用与影响很快超出了后者的承受能力，导致生态环境受到破坏，两者之间的平衡被打破。持续的影响和破坏会使生态环境质量恶化，同时其反馈机制运作，一系列的环境问题随之出现。如无法得到有效缓解及治理，生态系统一旦崩溃会直接反过来限制人们对核资源的进一步开发利用，从而阻止人类的社会进步与发展。这时，核资源开发系统和生态系统两者间的耦合关系呈现出极度不协调、相互制约的特点。当人们开始关注并且认识到双方的发展和相互影响的规律后，会以各种不同的方式来约束和管理核资源开发活动，保护和修复生态环境。这样，两者间的矛盾会被逐渐缓和，相互制约作用逐渐瓦解，耦合关系逐渐走向协调发展。

尽管核资源开发会对生态环境有一定的影响和破坏，但是相应的也会推动开发区的发展，利用当地较好的经济文化水平，在一定程度上可以增加对生态环境的保护意识与行为，最终降低或是减少一部分核资源开发的实际影响[①]。在这之后，可以预见，随着核资源开发利用与生态系统两者的协调发展，人们的资源开发活动很有可能会进入新一轮快速发展期。新的科学技术水平不断出现，一旦原有的约束和管控失去作用，开发区生态环境压力将重新出现，各种矛盾再次激化，导致资源开发活动重新陷入瓶颈。这也意味着核资源开发利用系统与生态系统要进入新一轮协调。由此，我们可以清楚地看到，随着两者之间相互作用影响的变化，尤其是随着核资源开发活动的阶段性发展，核资源开发与生态环境呈交互式周期耦合发展。

（二）影响因子耦合

受到不同开发区不同的人力、资源、政策、技术等的条件因子影响，不同开发区所面临的生态环境条件因子也各有差异，核资源开发利用系统和所在地区的生态系统之间的相互作用也具有不一样的影响程度。这些各异的条件因子会直接或间接影响双方的相互作用，即双方存在一种影响因子耦合关系。例如，开采方式的差异，就是其中一项非常重要的影响因子。露天开采或地下开采会带来不一样的生态系统影响，由于核资源特有的放射性，要求矿石开采过程中要尽可能地保证废石废水的管控，露天开采可能导致的放射气体逸散，废水排放等对生态系统的影响远远大于同等情况下地下开采作业方式，开采方式所对应的技术水平、处理方式、法规政策也都会不同程度地影响到生态系统。一旦这些影响因子处理不当，可能导致出现核资源利用率低，资源浪费的现象，使得生态系统内部的平衡性被打破，出现矿产资源开发区域地质灾害等问题。从这一角度出发，我们需要详细研究核资源开发利用系统与其所在地生态系统之间各项相互影响因子，了解各因子之间的影响权重，才能有效地增强对两者之间的协调管控力度，从而加大生态系统上的保护程度，也保证资源开发

① 郭文慧．淮河流域矿产资源开发与生态系统耦合机制研究［D］．合肥工业大学，2012.

利用的顺利实施。

综上所述，核资源开发利用系统和生态系统所含的各个因素之间关系密切，互相嵌套，形成一种复杂的非线性动态耦合关系。因此，了解和认识它们的耦合关系变化，找到并揭示这一耦合关系的变化规律，将对未来核资源的开发利用以及生态环境的保护有实践价值。

二、耦合评价指标建立

（一）指标体系特征

指标是一种特定的描述方法，它可以在主观反映和描述目标事物特点的同时利用精确数值来客观评判和体现该事物的这一特点。利用众多相互关联但又各自独立的指标可以构成一个完整、全面的指标体系。为指标体系中每一指标赋予相应权重便可对目标事物进行较为系统抽象的评价。其评价结果的科学性、有效性主要取决于指标体系构建过程中各个指标的客观性、真实性和价值性。因此我们需要根据核资源开发利用过程及生态系统的客观具体特征来制定我们的评价指标。全面了解和认识核资源开发利用系统及生态系统，对我们建立客观、真实、有效的评价指标体系非常重要。

核资源作为矿产资源的一种，在开发过程中会对整个生态环境造成全方位的影响。尤其不合理的开发会造成矿区原有的生态系统的平衡和稳定被打破。核资源开发过程中排放的废气、废水、废石等会通过地表、大气、径流等途径分布、扩散，对当地的土壤、水体、空气等各种环境造成损害和破坏。因此，自核资源勘探到开采过程就要开始采取一定的措施来减小或预防环境污染及生态破坏。这些措施相应付出的代价就应被纳入考虑范围中作为防护性支出指标。尽管采取了防护措施，大多数情况下，仍然会造成程度不一的环境破坏。因此，实际在核资源开发过程中造成的环境污染、生态破坏所带来的经济损失需要被纳入指标体系内。

一般情况下，核资源开采活动发生后，人们会对已经造成的生态系统进行恢复治理，这部分的经济投入其实质也是一种损失，如矿山复垦、三废处理等投入都属于核资源开采带来的损失。这些作为恢复治理成本，需要纳入评价指标考核体系中。尤其需要注意的是，核资源除了有常规的物理、化学污染外，与其他的矿产资源最大区别在于具有辐射污染，这与核资源的特性相关，并且会增加核资源开发后的恢复治理工作，这一特性主要反应在开采活动中及其完成后，核废弃物的安置处理上。比如，为了防止氡及其子体的外逸，对核资源退役矿山要严封坑口和废石回填；有水坑口则需要采取相应措施，防止水中溶解的铀元素泄漏等；砌筑相应的挡墙、排水沟，以便废矿、石堆进行稳定化处置、覆盖与恢复植被等。在核能的利用环节，核资源作为来源丰富、安全、清洁、高效的绿色能源，一般情况下不会造成大面积的空气污染，或是排放巨量的污染物。同时，核燃料便捷的运输和储存性能更是赋予了核能高效的特质。但是核能的负面影响也较为突出，比如会产生微量的放射性物质；由于热效率较低，利用过程中会产生热污染；因为回收冶炼技术水平有限，核废料（乏燃料）的安置也是较大的问题之一。这些问题对生态系统均具有潜在影响，严重时亦会威胁到人类的健康。因此核资源利用过程中的防护性支出、生态环境破坏造成的损失、恢复治理环境污染的成本等相应指标应同时进入评价体系。

（二）指标构建原则

前文已经论述，核资源开发利用系统与生态系统具有复杂的非线性动态耦合关系。因此，在研究核资源开发利用与生态系统两者之间的耦合协调关系时，构建一个客观、全面的评价指标系统时要从以下几个原则出发。

1. 科学性原则

评价指标的选择要能客观真实地反映核资源开发利用系统和生态系统的特点和状态，指标概念要清晰、准确。不仅要考虑评价方法的合理性，还要考虑评价结果的现实性。

2. 系统性原则

核资源开发利用与生态环境之间的关系非常紧密，在选择评价指标时要坚持全局意识和整体观念，把两者看为一个完整的、密切关联的更大系统。指标的选择，体系的构建要综合地反映系统中各子系统、各要素相互作用的方式、强度和方向等。基于多因素来对两者之间的耦合关系进行综合评估。

3. 综合性原则

资源开发利用系统和生态系统之间复杂的非线性动态耦合关系是由核资源、环境等多种要素之间的相互作用综合构成。这些要素之间具有联系结构多样化、所属领域交叉、跨学科综合的特点。因此需要综合考虑，统筹兼顾，利用各种参数、标准、尺度的分析方法，才能获得最佳的评判结果。

4. 代表性原则

系统、综合性原则不代表所有与核资源开发利用与生态环境相关的数据都要选取，核资源开发利用与生态环境之间关系的影响因子众多，应选取最具有典型代表性的影响因子，才能反映出核资源开发利用与生态环境关系的特点和发展水平。

5. 可获得性原则

各个开发区在核资源开发利用时的条件和政策不一，因此对相关数据的掌握和统计情况也各异。选取指标时应以指标的可获得性为原则，不同区域选择相应指标或共同指标体系，在确保能够获得有关数据的基础上使研究结果具有可比性。

（三）评价指标设定

在遵循上述方法、原则并参考多篇文献的基础上，本文对核资源开发利用系统与生态系统耦合发展的各项指标要素进行了筛选，最终的评价指标体系如表 5.1 所示。

1. 核资源开发利用系统指标

这一标体系涵盖了七个指标：

核资源开采从业人次。当地核资源开采具体有多少工人参加进行挖掘开采重要体现的就是核资源开发过程中需要耗费多少人力资源；

核资源设备总投入。核资源在开采过程中需要先进的机器设备辅助人力进行开采，在这一过程中设备的投入额是多少将会重要的体现出核资源开采所耗费成本的一部分；

表 5.1　核资源开发利用与生态系统耦合协调发展的评价指标

系统层	指标层	单位
核资源开发利用系统	核资源开采从业人次	人次
	核资源设备总投入	亿元
	核资源探明存储量	万吨
	核资源开采占地面积	公顷
	核能总产值	亿元
	核资源开采量	吨
	核资源消耗量	万吨
生态系统	绿化覆盖面积	公顷
	烟尘排放量	亿立方米
	废水排放量	吨
	残渣产生量	吨
	污染治理投资额	万元
	废弃物无害化处理率	%
	固体废弃物综合利用率	%

注：作者根据相关材料整理汇总。

核资源探明存储量。具体有多少核资源的存储量将会体现出核资源开采这一过程具体的收获以及该矿床是否值得开采；

核资源开采占地面积。核资源与生态环境之间的关系，在开采过程中所占地面积将会重要体现生态环境破坏所占面积，与耦合系统息息相关；

核能总产值。核资源开采之后，最重要的就是利用，绝大部分核资源用于我国核能发展，因此核能总产值代表消耗的核资源总量产生的价值；

核资源开采量。在探明存储量之后实际开采过程中会有诸多因素影响开采实际量，因此，实际核资源开采量也是一个重要衡量指标；

核资源消耗量。在经过投入、探查、开采、加工、利用这一系列过程之后，核资源每年究竟消耗多少，该指标将重要的体现核资源在经历这一繁琐的过程之后到底利用了多少。

2. 生态环境系统指标体系

生态环境系统指标体系涵盖了七个指标：

绿化覆盖面积。探明具有核资源存储的地域在开采之前其绿化覆盖面积是多少，开采过程实际占有的面积与该指标相对比可以重要的体现出核资源开采对生态环境最直观的破坏影响；

烟尘排放量。核资源开采过程中形成的废气大多含有放射性元素，是核资源开发利用过程中危害较大的部分。使用烟尘排放量这一指标可以较好地显示出对环境的污染破坏程度；

废水排放量。核资源具有超强的辐射性，对人体具有很大的危害，因此在处理过程以及运输过程都会进行严格的限制，特别是对其中的废水的排放也必须严格要求，废水的排放量以及处理也是一个影响着生态环境的重要指标；

残渣产生量。核资源处理结束之后会遗留下一部分无法利用的残渣，该部分残渣仍然具有很大的辐射性会对人类赖以生存的生态环境产生不利影响，因此废渣量指标能够体现核资源开发利用中对生态环境的影响；

污染治理投资额。在核资源实地开采过程中被破坏的植被、加工过程中废气和废水的处理、残渣的存放等等这些污染治理都需要大量费用，该指标将会体现治理核资源利用对生态环境系统的综合影响；

废弃物无害化处理率。核资源具有非常强的辐射性，对生态环境影响极大。该指标表现出核资源垃圾无害化处理所占比例，剩下的就是实际污染所占比例。从侧面反映出核资源利用对环境产生的影响；

固体废弃物综合利用率。核资源在开发利用后有一部分固体废弃物可以进行再加工，从而达到废物利用，该指标可以反映出废弃物中减少了多少对环境的破坏，剩余的固体废弃物就是不可以再利用的，从侧面反应剩余多少固体废弃物对环境产生多大影响。

（四）指标权重的确定

指标权重是该指标在指标体系中价值与重要度的量化值，常以在指标体系价值总量中所占比例来确定。

1. 指标权重的重要性

指标权重的确定就是对系统各指标的重要性进行分析与评价，往往根据指标主观上的相对重要程度评价和客观现实反映出的重要度进行综合度量赋予。在评价系统中指标的重要程度越大，则会被赋予越高的权重系数。科学客观的赋权对评价结果的合理有效性起着决定性的作用，因此，需要根据实际情况选择合适的赋权方法。

2. 赋权方法选择

根据指标数据来源的不同性质，赋权方法可以分为主观赋权法、客观赋权法和两者兼具的组合赋权法三大类。

（1）主观赋权法

主观赋权法的原始指标数据由决策者或专家根据所掌握的知识、信息、经验等进行主观判断而得到。简言之是根据决策者主观上对各指标的重视程度来确定其权重的方法。这类赋权方法包括专家调查法（Delphi 法）、层次分析法（AHP）、二项系数法、环比评分法、最小平方法等。这类方法容易受到决策者本身的专业知识、经验等影响，缺乏客观的评判依据。

（2）客观赋权法

相对于主观赋权法，客观赋权法主要通过客观数据之间的数学关系，如数据间的联系程度或能提供的信息量大小，给指标赋权。这类方法不依赖主观判断，更倾向于依靠数理依据进行决策。它在处理数据信息时，各指标权重实际反映该指标在不同决策中所占比重：比重小则权重低，比重大则权重高。常见的客观赋权法包括主成分分析法、熵值法、变异系数法、多目标规划法等。客观赋值法对客观数据依赖性较强，要求样本数据量大，同时问题域明确，还涉及多种计算，因此它的通用性差，使用更为复杂。同时，单纯的客观赋值法无法体现决策者对不同指标的看重程度，得出的权重分配可能会与该指标的实际重要性相去甚远。

3. 所选方法评述

本书根据变异系数法即标准差率进行指标赋权。它的运行思路是，根据不同指标数据在该指标数据体系中的变异程度来赋权。如果一项指标数据在所选的指标数据体系中变异系数较大，则反映被评价标的在这一指标的达成上难度较大，那么这项指标在明确区分评价标的方面的能力更强，因此会赋予该指标更大的权重；相反如果一个指标数据的变异系数较小，甚至为零，则说明该指标的区分能较低，应该赋予较低权重，或者是完全没有赋权价值。

该方法指标权重的客观性强，能在不增加决策者负担的前提下，避免一定程度上由决策者带来的主观偏差，具有较强的数学理论依据。变异系数法计算公式如下：

$$w_i = \frac{v_i}{\sum_{i=1}^{n} v_i} \tag{1}$$

$$v_i = \frac{\sigma_i}{\bar{x}_i} \tag{2}$$

式中，w_i 表示第 i 项（$i=1, 2, 3, \cdots, n$）指标的权重；

v_i 表示第 i 项（$i=1, 2, 3, \cdots, n$）指标的变异系数；

σ_i 表示第 i 项（$i=1, 2, 3, \cdots, n$）指标的标准差；

$\bar{x}_i$ 表示第 i 项（$i=1, 2, 3, \cdots, n$）指标所在研究时间段内的平均值。

第六章

核资源开发利用与生态系统耦合协调度测算

通过对核资源开发利用系统与生态系统各项指标原始数据进行收集，建立在耦合协调度模型的基础上，对核资源开发利用系统与生态系统耦合协调度进行测算，来探讨两个子系统之间的耦合协调关系，为核资源开发利用可持续发展提供有力支撑。

第一节　数据来源与数据标准化处理

一、数据来源与描述

为了科学严谨的评价核资源开发与生态系统耦合协调机制，保证相关数据来源真实可靠，本书所收集到可公布的数据来自相应年份经济合作与发展组织核能机构(OECD-NEA)、国际原子能机构(IAEA)定期对外公布的《红皮书》，或者是已经在期刊发表的文献。部分数据从官方发布的历年统计年鉴，或国家统计厅、环保厅和各省市统计信息网等政府官方权威网站披露的数据中提取。

需特别解释说明的是，由于部分数据的不可获得性以及不可公开性，本书在充分借鉴国内外相关权威机构或核心文献对于相关数据问题的处理方法后，将数据补充完整，来解决部分数据缺失问题。核资源系统指标中的核能总产值数据缺失，由于多数核资源最终应用于核能开发，因此本书采用当年核能发电量与当年核电价格的乘积来表示核能总产值；生态系统中核资源开发利用地区的绿化覆盖面积、烟尘排放量、废水排放量、残渣排放量、污染治理投资额、垃圾无害化处理率以及固体废弃物综合利用率等指标均不可获得，故本书借鉴了国内权威文献的做法，以某一大型铀矿大基地数据为基础，使生态系统各项指标数据可以通过某一铀矿大基地的铀生产量与当年全国总铀矿生产量比值推算而得到。

根据收集的各项指标原始数据，推算得到表 6. 1。可以看出，在核资源开发利用系统中，核资源十年来平均从业人数为 7306 人，其中 2015 年从业人数达到顶峰 7670 人，之后下滑到 2017 年 5950 人，造成从业人员下降的因素有很多，比如中小核资源企业的兼并或倒闭、科技水平的提升等。核资源的设备总投入在 2014 年达到最大投入额 12. 10 亿元，最小投入金额为 2010 年 6. 08 亿元；核资源的探明存储量，十年均值约为 22. 54 万吨，最大探明量出现在 2017 年 29. 04 万吨，最少探明存储量为 2011 年 16. 61 万吨。随着科学技术的进步，我国地质勘探技术更为成熟，可探明的核资源存储量逐年增加，开采占地均值较高，为 15. 13 公顷，说明多年来我国核资源开采占地面积多年处于较高水平，在 2017—2019 年，三年核资源开采占地面积均达到最高 18. 90 公顷，同样核资源的产量变化趋势与核资源开采占地面积变化趋势相似；核能产生的总价整体偏低，均值为 751. 65 亿元，2019 年产值最高为 1 496. 95 亿元，与 2010 年 317. 68 亿元相差较大；针对核资源消耗量情况，每年消耗增加幅度较小，2010 年消耗 0. 86 万吨到 2019 年 3. 04 万吨，可以说我国核资源消耗量一直处于平稳变化。

生态系统相关指标由于部分数据不能公开，通过阅读文献以及推算出的数据可能会存在误差，但是以国内大型铀矿基地的数据为核心，推算出十年的数据也具有研究意义。

表 6.1　核资源开发利用系统与生态系统指标相关数据

子系统	影响因子	最大值	最小值	平均值
核资源开发利用系统	核资源从业人次(人次)	7670	5950	7306
	核资源设备总投入(亿元)	12.10	6.08	9.04
	核资源探明存储量(万吨)	29.04	16.61	22.54
	核资源开采占地面积(公顷)	18.90	8.30	15.13
	核能总产值(亿元)	1 496.95	317.68	751.65
	核资源开采量(吨)	1890	830	1513
	核资源消耗量(万吨)	3.04	0.86	1.773 2
生态系统	绿化覆盖面积(公顷)	5670	2490	4539
	烟尘排放量(亿立方米)	8.3	3.7	6.7
	残渣产生量(吨)	321 300	141 100	257 210
	污染治理投资额(万元)	7 087.5	3 112.5	5 673.75
	垃圾无害化处理率	98%	86%	93.5%
	固体废弃物综合利用率	95%	95%	95%

二、数据标准化处理

在明确核资源开发利用系统与生态系统两个子系统各项指标的权重之前，在进行复杂数据分析过程时，由于各项指标的原始数据来源不同，与之相关的度量单位也不尽相同，导致原始数据不能直接相比较，因此应该首先对各项指标原始数据进行标准化处理。通过对原始数据进行标准化处理，两个子系统中各指标处于同一数量级，再进行后续指标权重计算及数据分析，从而能够对核资源开发利用与生态系统进行综合对比评价。

一般数据标准化处理主要包括两种方法：数据同趋化以及数据无量纲化。数据同趋化处理主要解决不同性质数据问题，对不同性质指标直接加总不能正确反映不同作用力的综合结果，须先考虑改变逆指标数据性质，使所有指标对测评方案的作用力同趋化，再加总才能得出正确结果。数据无量纲化处理主要解决数据的可比性，而本书主要研究目的是对核资源开发利用系统与生态系统两个系统进行对比，从而科学评价出两个系统的耦合协调关系。因此，本书采用数据无量纲化处理。

本书对各项指标原始数据进行无量纲化处理后，使各项指标之间具有可比性与无量纲性，以便能够直接反映出核资源开发利用与生态系统两者间的比较结果。同时，各项指标具有正向指标(+)与逆向指标(-)两种类型属性，正向指标即数值越大对系统发展越有益，逆向指标即数值越小对系统发展越有益①，还有些指标数值越靠近某个具体数值越好，这种指标称为适度指标。综合分析两个子系统之后，根据对核资源开发利用以及生态环境的利坏关系，需要将逆向指标、适度指标转化为正向指标，此过程称为指标的正向化。

计算公式分别如下：

$$x'_i = \frac{x_i - x_{i\min}}{x_{i\max} - x_{i\min}} \tag{1}$$

$$x'_i = \frac{x_{i\max} - x_i}{x_{i\max} - x_{i\min}} \tag{2}$$

式中，x'_i 表示第 i 项($i=1, 2, 3, \cdots, n$)指标的标准值；

x_i 表示第 i 项($i=1, 2, 3, \cdots, n$)指标的原始数值；

$x_{i\min}$ 表示第 i 项($i=1, 2, 3, \cdots, n$)指标为所在研究时间段内的最小值；

$x_{i\max}$ 表示第 i 项($i=1, 2, 3, \cdots, n$)指标为所在研究时间段内的最大值。

三、指标权重计算

利用客观赋权法中的变异系数法计算影响因子权重。根据第四章公式(1)(2)，分别计算核资源开发利用系统与生态系统各影响因子的标准差率，根据标准差率分别计算两个子系统中各因子的权重见表 6. 2。

四、指标描述性统计分析

在开展核资源开发利用系统与生态系统耦合机制研究之前，有必要先对已有的数据进行描述性统计分析，以便对指标数据的分布状况与趋势走向有基本了解，掌握我国近十年核资源开发方面的经济效益、社会投入、资源投入与消耗、环境污染等基本情况。本文利用 SPSS22. 0 软件计算得到相关描述性统计分析结果。

---

① 张帅．江西省旅游经济与生态环境耦合协调关系的时空分析[D]．东华理工大学，2017.

表 6.2　核资源开发利用系统与生态系统权重

子系统	影响因子	权重
核资源开发利用系统	核资源从业人次	0.0334
	核资源设备总投入	0.1685
	核资源探明存储量	0.1369
	核资源开采占地面积	0.1967
	核能总产值	0.2559
	核资源开采量	0.1754
	核资源消耗量	0.0332
生态系统	绿化覆盖面积	0.1289
	烟尘排放量	0.3002
	废水排放量	0.0001
	残渣产生量	0.3004
	污染治理投资额	0.1287
	垃圾无害化处理率	0.1419
	固体废弃物综合利用率	0.0001

通过对评价指标数据表及其描述性统计结果表的综合分析，可发现在核资源开发利用方面：

一是核能总产值近十年连年增长。在核电价格基本保持在 0.43 元每千瓦时的情况下，我国的核电量从 2010 年的 738.8 亿千瓦时上升到 3 481.3 亿千瓦时，核能的总产值从 2010 年 317.684 亿元飞速发展到 2019 年 1 496.959 亿元，从其权重来看，核能总产值增长幅度较大，尤其是近三年的总产值更加突出，迈进了千亿元大关，这可能与核资源利用率的提高以及核电站等基建的扩大有关。而核资源的设备总投入在连续增长了五年后，在 2015 年出现转折，从 2014 年 12.1 亿元下降到 2015 年 9.47 亿元，之后几年连续下降。这在一定程度上反映了十年间，我国核资源开发利用能够以较少的投入获得较大的产值，说明核资源开发与利用向着较好的态势发展，前景光明。

二是核资源供不应求现象一直持续。国际原子能机构（IAEA）定期对外公布的红皮书数据显示，我国铀资源探明存储量（回收成本<130 美元/千克铀）持续平稳上升，2011 年铀探明存储量 16.61 万吨，2017 年为 29.04 万吨。我国铀资源消耗量也逐年增加，由 2010 年 0.86 万吨消耗量提高到 3.04 万吨，但近十年铀资源的产量不高，2012 年我国铀资源产量才突破 0.15 万吨，直到

2019 年铀资源产量增长微量达 0.19 万吨，产量与消耗量差距过大。近十年，我国铀资源产量一直低于消耗量，核能开发严重依赖进口，近几年开采面积增长幅度较低，我国应加大核资源勘查力度，扩大铀资源的开采量。

三是核资源从业人数趋于减少。根据国际原子能机构(IAEA)发布的红皮书数据，如表 6.3 所示，我国核资源从业人数从 2010 年 7560 人次增加到 2015 年 7670 人次，总体变化比较平稳，但是在 2016 年下降到 6750 人次，之后在 2017 年又下降到 5950 人次。核资源从业人数从 2016 年开始下降，这可能与我国核资源开采利用技术更加智能化，不需要大量从业人员有关。而与铀生产直接相关的从业人员占据核资源从业人数绝大比重，且人数变化趋势与总人数变化相同。

表 6.3　2012—2017 年核资源从业人数

	2012 年	2013 年	2014 年	2015 年	2016 年	2017 年
核资源从业人数(人)	7560	7650	7660	7670	6750	5950
与铀生产直接相关的从业人数(人)	6860	6950	6960	6970	5880	5020

注：数据来自国际原子能机构(IAEA)定期对外公布的红皮书。

在生态系统方面，由于我国核资源以第三代开采技术为主，产生的废水经过过滤后成为纯净水排出，因此废水的排放量可以忽略。在其他方面：烟尘、残渣的排放量都在波动增长，烟尘排放量最小值为 2010 年 3.65 亿立方米，2012 年猛增到 6.6 亿立方米，最大值在 2017 年达到，为 8.32 亿立方米，年均排放量为 6.66 亿立方米。自 2012 年后烟尘排放增幅不大；残渣产生量一直保持在 32 万吨以下，近几年由于开采量变化不大，因此残渣产生量变化不大；核资源开采地区绿化覆盖面积在 2012 年实现质的增长，达 4500 公顷，比 2010 年增加 2010 公顷。党的十八大将生态文明建设纳入五位一体总体布局中，铀资源基地开始重视矿区植被保护，这可能是开采区绿化面积变化幅度较大的诱因之一。2017 年绿化覆盖面积更是进一步提升到 5670 公顷，十年间我国核资源开采地区绿化覆盖面积增加 3180 公顷。

据描述性统计分析结果可知，全国核资源开发产生较好效益的同时也伴随着相应资本、人力、自然资源等的消耗和“三废”污染物的大量排放，造成生态环境的恶化。

第二节　建立耦合协调度模型

一、综合评价模型

核资源开发利用与生态系统的综合水平测度都可以用发展指数来表示。在借鉴已有研究成果基础上，核资源开发利用系统(S_1)和生态系统(S_2)的发展水平可以通过线性加权法计算，公式如下：

$$S_1 = \sum_{i=1}^{m} a_i x'_i \tag{3}$$

$$S_2 = \sum_{j=1}^{n} b_j y'_j \tag{4}$$

式中，S_1 表示核资源开发利用系统的综合发展指数；

S_2 表示生态系统的综合发展指数；

a_i 表示核资源开发利用系统指标层内第 i 项($i=1, 2, 3, \cdots, m$)指标权重；

b_j 表示生态系统指标层内第 j 项($j=1, 2, 3, \cdots, n$)指标权重；

x'_i 表示核资源开发利用系统指标标准化处理后的数值；

y'_j 表示生态系统指标标准化处理后的数值。

二、耦合度模型

借鉴数学离差原理及物理学中的容量耦合概念和容量耦合系数模型可知，核资源开发利用系统与生态系统的耦合程度可用离散系数反映，离散系数越小，耦合程度越好，反之则越差。由此推广得到两个或两个以上系统或要素间相互作用的耦合度模型，公式如下①：

---

① 张帅．江西省旅游经济与生态环境耦合协调关系的时空分析[D]．东华理工大学，2017.

$$C_n = \left[\frac{u_1 \cdot u_2 \cdots u_n}{\prod (u_i + u_j)}\right]^{\frac{1}{k}} \tag{5}$$

式中，C_n 表示 $n(n=1, 2, 3, \cdots, n)$ 项系统的系统耦合度；

u_i 表示第 i 项 $(i=1, 2, 3, \cdots, n)$ 系统的综合发展指数；

k 表示为调节系数，其中 $k \geqslant 2$。

同时，针对本书来说，由于涉及核资源开发利用系统与生态系统两个子系统，因此，带入公式(7)，从而得到两个子系统的耦合度计算，公式如下：

$$C_2 = 2\left[\frac{u_1 \cdot u_2}{(u_1 + u_2)(u_1 + u_2)}\right]^{\frac{1}{2}} \tag{6}$$

由此可以得到核资源开发利用系统与生态系统相互作用的耦合度模型，公式如下：

$$C = 2\left[\frac{S_1 \cdot S_2}{(S_1 + S_2)^2}\right]^{\frac{1}{2}} \tag{7}$$

式中，C 表示核资源开发利用系统与生态系统耦合度；

S_1 表示核资源开发利用系统的综合发展指数；

S_2 表示生态系统的综合发展指数。

通过值 C 的大小 $(0 \leqslant C \leqslant 1)$ 可以反映核资源开发利用系统与生态系统的耦合程度，数值越大说明耦合度越好，反之则越差。据此，本书制定了核资源开发利用系统与生态系统耦合度等级表，共划分 5 个等级，并对各等级系统耦合特点进行简要梳理①，具体见表 6.4。

表 6.4 核资源开发利用与生态环境耦合度等级表

C 值	耦合度等级	系统耦合特点
0~0.2	低度耦合阶段	整个系统向无序方向发展，耦合关系非常差
0.2~0.4	初适阶段	生态环境损害较小，可以承载核资源发展
0.4~0.6	拮抗阶段	核资源发展的同时，生态环境承载力下降
0.6~0.8	磨合阶段	核资源继续发展，生态环境逐步得到改善
0.8~1	高度耦合阶段	整个系统向有序方向发展，耦合关系非常好

注：耦合度等级及特征来自相关文献总结。

① 张帅．江西省旅游经济与生态环境耦合协调关系的时空分析[D]．东华理工大学，2017.

三、耦合协调度模型

通过计算，可以推断出核资源开发利用系统与生态系统之间耦合关系的强弱程度，但是无法直接表达出两个系统之间是否一直处于同步协调发展，即耦合度(C 值)的大小不能够全面地反映出两个系统之间协同发展程度的优劣，耦合度大，既可能是高水平的协同发展，也可能是低水平的协同发展。

因此为了真实反映核资源开发利用系统与生态系统的协调发展程度，需要引入耦合协调度，并构建核资源开发利用系统与生态系统的耦合协调度模型。运用耦合协调度模型既能得出两系统间良性耦合程度的大小，也能得出协调发展程度的大小，公式如下：

$$D = (C \cdot S)^{\frac{1}{r}} \tag{8}$$

$$S = aS_1 + bS_2 \tag{9}$$

式中，D 表示核资源开发利用与生态系统的耦合协调度（$0 \leqslant D \leqslant 1$）；

C 表示核资源开发利用与生态系统的耦合度（$0 \leqslant C \leqslant 1$）；

S 表示核资源开发利用与生态系统综合发展折衷指数；

r 表示涉及的子系统个数；

a 表示核资源开发利用系统所占权重；

b 表示生态系统所占权重。

其中，r、a、b 均为待定系数，本书主要探讨核资源开发利用系统与生态系统，涉及两个子系统个数，故取 $r = 2$。a、b 分别为核资源开发利用与生态环境两个子系统在整个核资源开发利用与生态系统中所占的权重，本书认为两个子系统同等重要，故 a、b 的取值均为 0.5。

为了更细致地反映核资源开发利用与生态系统耦合协调程度的发展状态，本书依据 D 值大小对耦合协调度进行了等级划分，并在此基础上对比核资源开发利用与生态环境的综合发展指数大小，对耦合协调发展类型进行了划分，共划分 10 个等级，30 个类型，见表 6.5。

表 6.5　资源开发利用与生态环境耦合协调发展类型

阶段	D	耦合协调度等级	S_1与S_2的大小关系	耦合协调发展类型
失调期	0.000~0.099	极度失调	$S_1>S_2$	生态环境滞后的极度失调类型
			$S_1=S_2$	核资源开发利用与生态环境同步的极度失调类型
			$S_1<S_2$	核资源开发利用滞后的极度失调类型
	0.100~0.199	严重失调	$S_1>S_2$	生态环境滞后的严重失调类型
			$S_1=S_2$	核资源开发利用与生态环境同步的严重失调类型
			$S_1<S_2$	核资源开发利用滞后的严重失调类型
	0.200~0.299	中度失调	$S_1>S_2$	生态环境滞后的中度失调类型
			$S_1=S_2$	核资源开发利用与生态环境同步的中度失调类型
			$S_1<S_2$	核资源开发利用滞后的中度失调类型
过渡期	0.300~0.399	轻度失调	$S_1>S_2$	生态环境滞后的轻度失调类型
			$S_1=S_2$	核资源开发利用与生态环境同步的轻度失调类型
			$S_1<S_2$	核资源开发利用滞后的轻度失调类型
	0.400~0.499	濒临失调	$S_1>S_2$	生态环境滞后的濒临失调类型
			$S_1=S_2$	核资源开发利用与生态环境同步的濒临失调类型
			$S_1<S_2$	核资源开发利用滞后的濒临失调类型
	0.500~0.599	勉强协调	$S_1>S_2$	生态环境滞后的勉强协调类型
			$S_1=S_2$	核资源开发利用与生态环境同步的勉强协调类型
			$S_1<S_2$	核资源开发利用滞后的勉强协调类型
	0.600~0.699	初级协调	$S_1>S_2$	生态环境滞后的初级协调类型
			$S_1=S_2$	核资源开发利用与生态环境同步的初级协调类型
			$S_1<S_2$	核资源开发利用滞后的初级协调类型
协调期	0.700~0.799	中级协调	$S_1>S_2$	生态环境滞后的中级协调类型
			$S_1=S_2$	核资源开发利用与生态环境同步的中级协调类型
			$S_1<S_2$	核资源开发利用滞后的中级协调类型
	0.800~0.899	良好协调	$S_1>S_2$	生态环境滞后的良好协调类型
			$S_1=S_2$	核资源开发利用与生态环境同步的良好协调类型
			$S_1<S_2$	核资源开发利用滞后的良好协调类型
	0.900~1.000	优质协调	$S_1>S_2$	生态环境滞后的优质协调类型
			$S_1=S_2$	核资源开发利用与生态环境同步的优质协调类型
			$S_1<S_2$	核资源开发利用滞后的优质协调类型

注：资料根据相关文献整理。

第三节 耦合协调度测算

本书通过上述模型的运用，分别对我国 2010—2019 年核资源开发利用系统与生态系统的面板数据进行了定量测度，并结合耦合度等级及耦合协调发展类型的评价标准，对核资源开发利用与生态系统耦合协调关系的演变特征进行了深入探究。

2010—2019 年核资源开发利用系统（S_1）与生态系统（S_2）的综合发展指数以及综合发展折衷指数（S）、耦合度（C）、耦合协调度（D）和耦合度等级，见表 6.6、图 6.1 和图 6.2。

表 6.6 综合发展指数、耦合度、耦合协调度测算结果

	S_1	S_2	S	耦合度 C 值	耦合协调度 D 值	耦合度等级
2010 年	0.450	0.772	0.611	0.965	0.768	高度耦合阶段
2011 年	0.079	0.606	0.343	0.638	0.468	磨合阶段
2012 年	0.342	0.138	0.240	0.905	0.466	高度耦合阶段
2013 年	0.013	0.076	0.045	0.706	0.177	磨合阶段
2014 年	0.168	0.014	0.091	0.533	0.220	拮抗阶段
2015 年	0.265	0.288	0.277	0.999	0.526	高度耦合阶段
2016 年	0.292	0.350	0.321	0.996	0.565	高度耦合阶段
2017 年	0.611	0.989	0.800	0.972	0.882	高度耦合阶段
2018 年	0.676	0.989	0.833	0.982	0.904	高度耦合阶段
2019 年	0.847	0.989	0.918	0.997	0.957	高度耦合阶段

一、核资源开发利用与生态系统综合水平分析

（一）核资源开发利用综合水平分析

从表 6.6 和图 6.1 可以看出，2010—2019 年核资源开发利用系统综合发展

水平总体上呈 W 型上升趋势，核资源开发利用综合发展指数由 0.450 增长到最高 0.847。2011 年福岛第一核电站核泄漏事故，引起我国对核电安全性的再度审视，核资源发展受到一定影响，在多方因素影响下，2010 年到 2013 年核资源开发利用综合发展指数呈起伏变化。从 2013 年开始核资源开发利用综合发展指数呈现较高的增长势头，特别是 2017 年增长快速，这主要是因为 2016 年我国发布了《“十三五”规划纲要》，明确了核能的发展，给核资源开发利用带来利好。

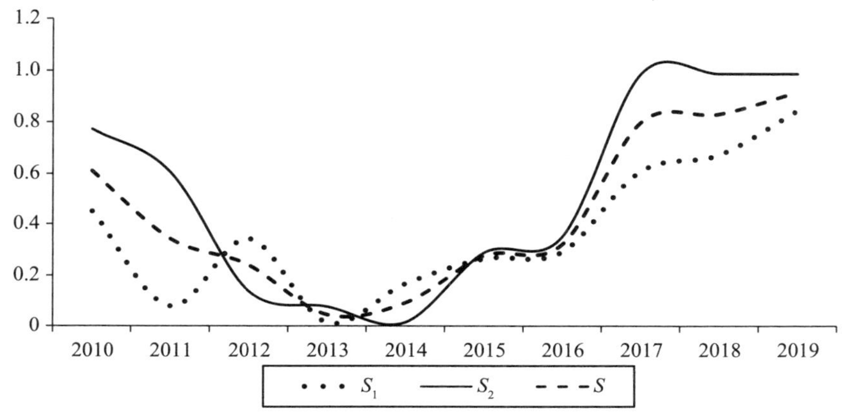

图 6.1 2010—2019 年核资源开发利用与生态系统综合发展指数

（二）生态系统综合水平分析

从表 6.6 和图 6.1 可以看出，与核资源开发利用综合发展指数的起伏变化不同，生态系统综合发展指数大致呈 U 型变化。2010 年到 2014 年生态系统综合发展指数持续下降；2015 年到 2017 年，处于上升阶段，尤其是 2017 年生态系统综合发展指数快速上升，达到峰值；2018—2019 年生态系统综合发展指数趋于平稳。核资源发展初期，开采地区重视开发，忽视了生态环境，造成环境的污染。随着习近平生态文明思想以及“两山理论”的深入贯彻落实，关停污染严重矿区，改进排污技术，生态环境有所好转。2017 年生态环境向优发展的快速转变，离不开绿色矿山的提出以及作为核资源大省江西省的生态文明建设。

总体上，2010—2019 年核资源开发利用与生态系统综合发展水平呈 U 型上升趋势，国家大政方针直接影响核资源的开发利用以及生态环境。在生态环境优良的条件下，核资源开采利用技术要更加全面、清洁，才能维持住现有的绿色矿山。

二、核资源开发利用与生态系统耦合度及耦合协调度分析

（一）耦合度分析

从表 6. 6 和图 6. 2 可以看出，2010—2019 年核资源开发利用与生态系统耦合度呈现 W 曲线发展态势，耦合等级从高度耦合，变为拮抗阶段，之后又重新发展到高度耦合，整个系统最终朝着有序的方向发展，可以推断出两者关系更加密切。在 2010—2015 年间两个系统之间的耦合度出现了较大幅度的升降变化，在 2014 年降落至最低 0. 533。从 2015 年开始，两系统之间的耦合度出现了小幅度的变化，但是总体上，近几年两者之间相关度愈加密切。

尽管近几年核资源开发利用与生态系统维持在高度耦合水平（大于 0. 9），但由于两者均具有动态性特征，耦合度不能有效反映出两者协调发展程度的好坏，需要引入耦合协调度，从更加综合全面的角度来分析两者之间的互动关系。

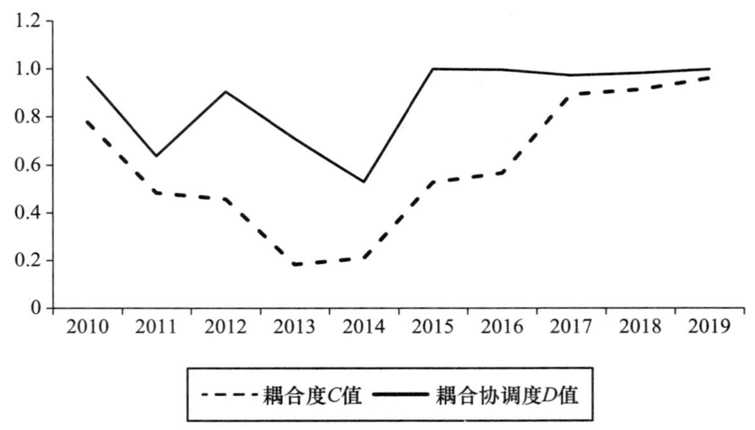

图 6. 2　2010—2019 年核资源开发利用与生态系统综合发展指数

（二）耦合协调度分析

从耦合协调度来看，耦合协调度等级从中级协调 0.768 下降到严重失调 0.177，再逐步过渡到优质协调 0.957，核资源开发利用与生态系统在一段时间内有着较大的差异性，两者经历了逐步失调后，慢慢同步提升，最后达到协调。整体来看，核资源开发利用与生态系统耦合协调度可分为三个阶段：

第一阶段 2010—2013 年为逐步失调期，主要是因为此时间段内，福岛核电站泄漏事故以及中小矿企业乱排造成环境污染，多方因素导致这一阶段核资源开发利用与生态系统逐步失调；

第二阶段 2014—2017 年为快速磨合期，从中度失调逐步发展到良好协调，两者之间的依存关系越来越深，正是生态文明建设的快速发展，使得矿区生态环境快速治理，两者之间逐步协调；

第三阶段 2018—2019 年为协调期，两者均为优质协调，说明两者之间相互依赖程度越来越深，相互促进作用也越来越强。

此外，为了更加清楚地反映核资源开发利用与生态系统耦合协调发展的时序演变状态，可通过比较两者综合发展指数的大小关系对其耦合协调发展类型进行划分，具体见表 6.7。

表 6.7　综合发展指数、耦合度、耦合协调度测算结果

年份	耦合协调度等级	S_1与S_2的大小关系	耦合协调发展类型
2010	中级协调	$S_1<S_2$	核资源开发利用滞后的中级协调
2011	濒临失调	$S_1<S_2$	核资源开发利用滞后的濒临失调
2012	濒临失调	$S_1<S_2$	核资源开发利用滞后的濒临失调
2013	严重失调	$S_1<S_2$	核资源开发利用滞后的严重失调
2014	中度失调	$S_1>S_2$	生态环境滞后的中度失调
2015	勉强协调	$S_1<S_2$	核资源开发利用滞后的勉强协调
2016	勉强协调	$S_1<S_2$	核资源开发利用滞后的勉强协调
2017	良好协调	$S_1<S_2$	核资源开发利用滞后的良好协调
2018	优质协调	$S_1<S_2$	核资源开发利用滞后的优质协调
2019	优质协调		核资源开发利用滞后的优质协调

从表 6.7 可以看出，核资源开发利用与生态系统耦合协调发展类型大体经历了四个发展阶段：

第一阶段 2010—2013 年为核资源开发利用滞后的失调期；

第二阶段 2014 年为生态环境滞后失调期；

第三阶段 2015—2017 年为核资源开发利用滞后的勉强协调期；

第四阶段 2017—2018 年核资源开发利用滞后的优质协调期。

根据表 6.7 说明我国核资源开发利用基本处于滞后状态，但核资源的开采利用地区生态环境保持着较好的发展，为核资源的开发利用打下了良好的基础。2010 年到 2013 年间，生态环境质量持续下降，以至于达到严重失调的状态，核资源的过度开采使得开采区生态系统受到严重影响，直至 2014 年耦合协调发展到了生态环境滞后的中度失调类型，生态环境受到极大破坏。从 2015 年开始，生态环境有所好转，与核资源开发利用逐步协调，到 2018 年达到优质协调，但核资源发展却滞后，即生态环境在受到保护和修复后，生态系统在核资源发展的可承受范围内，没有超过环境的可承载力。这表示我国核资源开发利用有较大的发展空间，在继续加强生态文明建设的同时，也要提升核资源开发利用技术。

第七章

个案分析——以江西省核资源开发与生态环境保护为例

中国对世界承诺力争在2030年前实现“碳达峰”，2060年前实现“碳中和”目标。在此背景下，中国需加快能源结构调整步伐，用清洁能源替代化石能源，循序渐进的推动核能开发，使其成为清洁能源的重要选项。随着我国对核电建设布局和投入力度的加大，对铀资源的需求也不断增加。面对世界百年未有之大变局，国际关系和地缘政治在深刻重塑，中国面临着世界铀矿资源供给全面趋紧的新形势。基于此，江西省作为核资源大省、全国三大铀矿基地之一，迎来了很好的发展机遇，但同时还面临着铀矿勘查力度不够、专业人才流失、开采方式不成熟等困境。矿山开发还存在尾矿治理、环境修复等现实难题，加之国家生态文明试验区(江西)建设不断推进，有必要以江西为典型探讨核资源开发利用与生态环境保护协同发展问题，总结提炼经验，为全国其他地区绿色矿山治理与创建、矿产生态环境保护与修复提供借鉴和参考。

第一节　江西省自然与环境概况

矿产资源是工业的食粮。江西是我国许多战略性矿产资源的聚集地，保障国家矿产资源稳定供应是江西的重大战略任务；江西作为首批国家生态文明试验区建设省份之一，是习近平总书记生态文明思想的重要探索区，承担着为全国生态文明建设“做示范”的重任。长期以来，江西协调推进矿产资源开发利用和生态环境治理保护同向而行，取得重大成就。鉴于此，本书以江西省为例，专门解剖“江西麻雀”，总结江西的典型经验，对于新时期探索核资源开发利用与生态环境保护具有重大示范价值。

一、资源禀赋状况

(一)江西的资源地位

江西省是我国有色金属、稀有金属以及稀土等三大矿产基地，承担着全国工业经济的战略性矿产资源的供应。根据江西省自然资源厅的数据统计，矿产资源种类多，矿产丰富，如表7.1所示，在对国民经济建设具有较大影响的45种主要矿产中，江西省就占有36种主要矿产，而在其中已探明的主要矿产内资源储量居全国首位的就有13种，第二位的有7种，第三位的有7种，第四位的有4种，第五位的有5种。优势矿产资源在全国地位突出，矿产发展潜力大。

表7.1 江西省矿产资源概况表

矿产类型	矿类
能源矿产	煤、石煤、地热、铀、钍等5种
黑色金属矿产	铁、锰、钛、钒等4种
有色金属矿产	铜、铅、锌、铝、镁、镍、钴、钨、锡、铋、钼、锑等12种
贵金属矿产	金、银2种
稀有稀土金属矿产	钽、铌、铍、锂、稀土、铷、铯等29种
非金属矿产	萤石、硫、磷、岩盐、水泥用灰岩、滑石、硅灰石、石膏、高岭土、膨润土、透闪石等79种

注：数据来源于江西省资源环境厅。

有色金属、贵金属和稀有稀土金属矿产资源在全国范围内具有明显优势。主要矿产资源天然呈现出的条块状分布，赣东有铜、金、银、铅锌、铀、钽铌、磷、膨润土、石膏、化肥用蛇纹石、煤、高水泥用灰岩等；赣南有钨(黑钨矿)、锡、铋、稀土、萤石等；赣西有煤、铁、钽铌、岩盐、粉石英、硅灰石、含锂瓷石、高岭土等；赣北有铜、钨(白钨矿)、铅锌、金、硫、锑、钼、石煤、水泥用灰岩、饰面板材等。这种天然的资源优势为江西省铜、钨、稀土产业等基地建设提供了重要的资源保障。围绕矿产资源的条块状分布，逐渐形成了江西独有的各具特色的矿产资源产业体系。

（二）江西的资源开发状况

江西的矿产资源中共伴生有用矿产多，开发利用的难度较大，对矿产产业的技术水平提出了更大的挑战。铜矿中伴生的矿种有 12 种，钨矿中伴生的矿种有 7 种，铌钽矿中伴生的矿种有 6 种，如表 7.2 所示。伴生矿普遍存在的现实，给矿产的开采和综合利用提出了更高的要求。贫矿多，富矿少。铁矿资源储量的 95.20%为需选矿石，全铁平均品位低于 30%的矿石占资源储量总量的 71.72%；铜平均品位低于 1%的占资源储量的 87.14%[①]。

表 7.2　江西省资源开发表

矿种	共生矿	矿产分类标准
铜矿	金、银、硫、镓、铟、硒、碲、砷、钴、铁、铅、锌等 12 种	有色金属矿产
钨矿	锡、铋、钼、铍、钽、铌、稀土等 7 种	有色金属矿产
铌钽矿	锂、铷、铯、高岭土、云母、长石等 6 种	稀有金属矿产

注：数据来源于江西省资源环境厅。

二、生态环境状况

20 世纪 80 年代初，江西省委省政府凭借着良好的资源禀赋开始高度重视生态文明建设，着手实施“山江湖开发治理工程”。到 90 年代，进一步提出“画好山水画、写好田园诗”“在山上再造一个江西”的建设思路。进入新世纪，习近平总书记“既要金山银山，更要绿水青山”的新发展理念深入人心。党的十七大后，江西又提出了“生态立省、绿色发展”的发展战略，大力推动鄱阳湖生态经济区建设并使之上升为国家战略。尤其是党的十八大以来，在以习近平同志为核心的党中央亲切关怀下，江西生态文明建设的战略层次不断提升，

① 骆水华．江西省矿产资源概况[DB/OL]．江西省自然资源厅网站．

并逐步上升为国家战略。2014 年 11 月，《江西省生态文明先行示范区建设实施方案》的获批，标志着江西省建设生态文明先行示范区上升为国家战略，同时也是全国全境列入国家战略的五个省份之一。2016 年 8 月，中共中央办公厅、国务院办公厅印发了《关于设立统一规范的国家生态文明试验区的意见》再一次将江西省列为全国三个首批国家生态文明试验区省份之一。2017 年 10 月，中共中央办公厅、国务院办公厅印发的《国家生态文明试验区(江西)实施方案》将“基本建立山水林田湖草系统治理制度，国土空间开发保护制度更加完善，多元化的生态保护补偿机制更加健全”作为江西生态文明试验区建设的主要目标。

(一)生态资源丰富

1. 土地资源

江西省地貌类型齐全，区域差异显著，山地占全省面积的 36%。丘陵占 42%，岗地、平原、水面占 22%。耕地 4 633. 7 万亩，占总面积的 18. 5%。人均耕地 1. 045 亩，比全国平均水平少 0. 49 亩。

2. 水资源

江西省平均水资源总量为 1565 亿立方米，仅次于西藏、四川、广东、云南、广西和湖南省，居全国第七位，人均拥有水资源量 3700 立方米，比全国人均 2200 立方米水资源量高了 1500 立方米。2012 年地表水资源量 2 155. 79 亿立方米，地下水资源量 462. 28 亿立方米，水资源总量 2 174. 76 亿立方米，全省大中型水库年末蓄水总量 114. 94 亿立方米。东江源、赣江源、抚河源作为重要的水源地，为粤港和长江中下游等地区的供水作出了重要贡献。

3. 矿产资源

江西地下矿藏丰富，是我国矿产资源配套程度较高的省份之一，在目前已知的 150 多种矿产中，已发现各类固体矿产资源 l40 多种，其中探明工业储量的 89 种，矿产地 700 余处，其中大型矿床 80 余处，中型矿床 100 余处。铜、钨、铀钍、钽铌和稀土被誉为“五朵金花”。

4. 森林草原

江西省土地总面积 1 669. 5 万平方公里，其中林业用地面积 1072 万平方公里，占土地总面积的 64. 2%，活立木总蓄积 44 530. 5 万立方米，并且植被种类多样，江西被子植物种类高达 4088 种。江西省拥有天然草地面积 444. 2 万平方公里，占土地面积的 26. 6%，占南方草地面积的 14%。

5. 湿地

江西省各类湿地共 365. 17 万平方公里，占国土面积 21. 87%，其中水域面积 164. 74 万平方公里，占国土面积 9. 8%；天然湿地面积为 116. 61 万平方公里，占国土面积 6. 9%。面积大于 10 平方公里的淡水湖约 44 万公顷，约占全国同类湖泊的 15%。境内鄱阳湖是长江流域最大的通江湖泊，也是中国最大的淡水湖泊，以鄱阳湖珍稀水禽为主的江西湿地生物多样性在国际上有着重要影响。

（二）环境现状良好

江西是美丽的绿色家园，生态环境质量一直名列前茅。省内拥有庐山、三清山、龙虎山、龟峰 4 处世界自然文化遗产，14 个国家级风景名胜区。拥有秀甲天下庐山、革命摇篮井冈山、峰林奇观三清山、道教祖庭龙虎山、千年瓷都景德镇、千年名楼滕王阁、千年书院白鹿洞、千年古刹东林寺以及中国最美的乡村婺源等丰富的旅游资源。江西森林覆盖率始终处于全国前列，在 2019 年达到 63. 1%，位居全国第二，活立木蓄积量 4. 45 亿立方米，活立竹总株数 19 亿，是我国重要的天然氧吧。拥有 44 个国家级森林公园，15 个国家湿地公园，11 个国家级自然保护区，各级各类自然保护区面积占全省土地面积的 7. 1%。从 2012 年冬季开始，大力实施“森林城乡、绿色通道”建设，着力推进森林城市创建工程、森林乡村创建工程、通道绿化提升工程、绿道建设工程、生态富民产业工程、森林资源保护工程等六大工程。

全省主要河流及湖库Ⅰ～Ⅲ类水质断面（点位）比例达 80. 7%，9 条主要河流Ⅰ～Ⅲ类水质断面比例为 81. 2%，三个主要湖库Ⅰ～Ⅲ类水质断面比例为 76%，城市集中式饮用水源地水质达标率 100%；11 个设区城市环境空气质量全部达到国家二级标准；城市区域环境噪声等效声级在 49. 8～55. 3 分贝之间，全部达到 2 类标准（60 分贝）。江西省紧紧抓住国际国内产业加快调整升级的历史性机遇，加快构建具有江西特色和比较优势的现代产业体系，以绿色、循环、安全为主打品牌，着力将生态优势转化为发展优势。

三、矿业产业在江西经济中的地位分析

江西是一个矿产资源大省，可以预见的是，在相当长的时期内，江西作为全国许多重大战略性矿产资源供应地的地位不会改变，也将长期面临矿产资源开发可能带来的环境风险问题。事实上，无论从江西矿业产业发展的现状和趋势，还是从江西省大型企业的行业分布看，江西经济格局的现状和未来发展方向形成了对矿产经济发展模式的路径依赖。

（一）矿业经济已成为江西的支柱产业

长期以来，围绕丰富的矿产资源，江西省逐渐形成了煤炭、黑色金属、有色金属、化工、建材、盐业六大矿业体系，其上下游产业占据江西工业经济的半壁江山[①]。2014 年，规模以上工业总产值约 14 800 亿元，矿业经济约为 6300 亿元，占工业总产值“半壁江山”。规模以上工业实现主营业务收入 22 267.6 亿元，主营业务收入过千亿元的 6 个行业，与矿业经济相关的千亿产业占 3 个，分别为有色金属冶炼和压延加工业、非金属矿物制品业、黑色金属冶炼和压延加工业，如表 7.3 和表 7.4 所示。2018 年，江西主要矿产产业单位达到 3070 家，在关停近半数不合格的中小煤矿下，仍然比 2017 年增加了 38 家矿产单位。

从江西矿业产业发展的现状和趋势看：一是江西已基本形成了稳定的依托矿业产业发展的工业体系和经济体系，从江西省第二产业占 GDP 比重来看，2004 年第二产业比例为 45.3%，到 2014 年提高了近 8 个百分点，达到了 53.4%。二是江西涉矿产业发展速度惊人，以矿产采选业为例，2000 年全省矿产采选业产值仅为 38.14 亿元，到 2013 年高达 780 亿元，年均增长约为 120%。这样的增长速度是全省其他任何传统产业所不能相比的。从江西所确立的未来十大战略性新兴产业来看，节能环保、新能源、新材料、航空产业、

---

① 郑鹏，熊玮．江西重点生态功能区生态补偿的绩效评价与示范机制研究[M]．北京：中国经济出版社，2019.

先进装备制造、新一代信息技术、锂电及电动汽车七大产业都直接或间接与矿产资源产业相关，形成了发展模式的路径依赖。

从江西省大型企业的行业分布来看，涉矿企业在全省大型企业中占据重要地位，在数量和规模上超过其他任何行业。以 2014 年江西百强企业为例，与矿产资源直接或间接有关的企业有 30 家，排位在前 20 的企业中有 9 家与矿产资源的开采、加工直接相关，排位在前 10 位的企业中有江西铜业集团公司、新余钢铁集团有限公司、江西萍钢实业股份有限公司、江西省煤炭集团公司、江西稀有金属钨业控股集有限公司五家，其中江西铜业集团公司以年营业收入 1 945.240 4 亿元高居榜首，是第二名年营业收入的近 5 倍。

表 7.3　2017 年江西省矿产产业主要经济指标

矿业产业	企业单位数（个）	主营业务收入（万元）	利润总额（万元）	企业亏损面（%）	资产负债率（%）	产品销售率（%）
煤炭开采和洗选业	127	726 175	93 626	11.0	75.7	98.9
黑色金属矿采选业	78	915 299	49 947	15.4	43.9	99.8
有色金属矿采选业	162	3 990 781	290 216	11.7	48.0	99.9
非金属矿采选业	207	3 500 309	312 205	2.9	34.7	98.9
石油、煤炭及其他燃料加工业	28	5 937 943	261 822	14.3	69.4	99.6
非金属矿物制品业	1392	27 851 465	2 458 756	8.4	43.5	98.8
黑色金属冶炼和压延加工业	131	14 520 676	1 617 052	10.7	49.6	100.2
有色金属冶炼和压延加工业	654	63 269 310	2 715 676	10.2	52.0	99.2
金属制品业	380	8 159 326	573 087	9.5	34.6	101.2

注：数据来源于江西省 2018 年统计年鉴。

根据表7.3和表7.4，可以看出江西大部分矿产产业企业数量在2018年有所下降，这与江西污染防治攻坚战以及绿色矿山治理紧密相关，2018年关停了产量低、污染严重的中小矿产企业，同样造成部分矿产企业总利润的下降。就企业亏损来说，2018年煤炭开采和洗选业、非金属矿物制品业、金属制品业比2017年有所好转，黑色金属冶炼和压延加工业、有色金属冶炼和压延加工业这两大矿产产业较2017年亏损提高7%以上，其他产业亏损仍在持续，这可能与江西矿产产业加大了对于生态环境的投入有关，导致了成本的上升。根据资产负债率这一财务指标来看，煤炭开采和洗选业以及石油、煤炭及其他燃料加工业，资产负债率较高，会产生一定的风险；同时资产负债率较低的产业，运用外部资金的能力较差，目前大部分产业都维持在60%以下，保持在一定水平。

表7.4　2018年江西矿产产业主要经济指标

项目	企业单位数（个）	主营业务收入（万元）	利润总额（万元）	企业亏损面（%）	资产负债率（%）	产品销售率（%）
煤炭开采和洗选业	69	580 125	91 235	4.3	70.2	100.7
黑色金属矿采选业	39	553 371	23 673	17.9	43.3	99.9
有色金属矿采选业	124	2 832 571	228 395	16.9	46.5	99.4
非金属矿采选业	214	2 739 374	235 400	3.7	44.0	99.1
石油、煤炭及其他燃料加工业	52	6 530 214	281 115	15.4	65.6	99.7
非金属矿物制品业	1452	24 473 835	2 507 848	7.6	45.8	98.9
黑色金属冶炼和压延加工业	96	14 619 045	1 842 688	17.7	48.6	99.7
有色金属冶炼和压延加工业	613	57 525 750	2 007 762	17.5	55.2	99.2
金属制品业	411	8 297 205	566 054	7.3	38.4	98.1

注：数据来源于江西省2019年统计年鉴。

（二）江西省主要矿产品呈现出供需两旺的态势

根据江西省自然资源厅的统计数据，近十年来，主要矿产产量增幅分别为，原煤（65.25%）、铁矿石（675.24%）、铜精矿（31.4%）、铅精矿（132.65%）、锌精矿（80.38%）、钨精矿（32.27%）、混合稀土（160.73%）、萤石（221.72%）、水泥（258.68%）和黄金（101.41%）。消费量的增幅分别为，原煤（109.43%）、铁矿石（248.04%）、铜精矿（200.1%）、钨精矿（326.42%）、混合稀土（217.62%）、萤石（198.39%）、水泥（344.09%）、黄金（1 507.37%）、银（677.12%），呈现出明显的供需两旺的态势。

（三）江西未来经济发展必须充分重视矿产资源潜在的巨大经济价值

以1990年矿产品不变价计算，江西省矿产资源储量的潜在经济价值大约为1.56万亿元，其中以全国统一口径计算的79种矿产资源（不含铀、钍、铷、铯、水气矿产等保密矿种和尚未统一定价标准的矿种）储量潜在经济价值9 038.42亿元，45种主要矿产（江西36种）的潜在经济价值7 984.42亿元。江西省潜在经济价值超过100亿元的矿产有煤、铁、铜、钨、铀、金、钽、锂、硫铁矿、伴生硫、水泥用灰岩、冶金用白云岩、饰面用花岗岩、岩盐14种；潜在经济价值在50亿~100亿元的矿产有钒、钼、银、稼、熔剂用灰岩、玻璃用砂、高岭土、化肥用蛇纹岩、饰面用大理岩、磷矿10种①。江西矿产资源巨大的潜在经济价值，可以支撑未来江西经济发展的格局。

（四）矿业产业将是江西经济发展的主要推动力量

从全国来看，矿业产业与我国工业基本上保持同步增长的态势。在一些矿产资源大省，如山西、陕西、内蒙古、河南等，矿业经济占GDP的比重在50%以上，矿业经济已成为资源大省推动工业化进程的主要力量。2014年，我国轻工业、重工业占比分别为26.36%和73.64%，江西分别为33.3%和64.7%，重工业发展水平落后于全国平均水平。江西省发展矿业产业，适应工业化中后期经济发展要求符合工业结构演变基本规律。

---

① 骆水华．江西省矿产资源概况［DB/OL］．江西省自然资源厅网站.

从全省对涉矿产业的未来布局看，以大型涉矿企业为主导的对传统矿业产业改造升级的步伐加快，并陆续在全省范围内依托优势矿区加紧布局和打造未来高新矿业产业。如依托赣北、赣东北的优势钨矿积极打造全球最大钨资源基地，依托赣东北的优势铜矿和银矿打造亚洲最大铜资源基地和亚洲最大银资源基地，依托赣中优势的锂矿和铁矿打造亚洲最大锂资源基地和全国重要铁资源基地。这些优势资源基地的打造，将会成为未来江西工业经济格局乃至全省经济发展的主要推手。

第二节 江西省能源利用与核资源现状

把丰富的矿产资源转化为经济优势，是江西省能源利用最核心的价值理念，如何转化以及尽可能地减少在开发利用中产生的污染物，是江西面临的重大考验。在生态文明思想的指引下，江西开启生态文明试验区的建设，致力于绿色矿山保护，开发利用矿产资源，并且持续不断地创造物质财富，保护、修复、改善生态环境，为人民群众美好生活创造更好的条件。

一、江西省能源利用现状

江西省的产业结构以工业为主，第三产业比重较低，而在工业结构中江西省又以重工业发展为主导。2019 年，江西认定的高新技术企业仅 1824 家。重工业对能源依赖度极大，其发展所需的能源消耗仍以碳排放系数是最高的煤炭为主，这给环境带来了很大的威胁。与其他能源相比，煤炭所含杂质较多，所以其燃烧产生的有毒有害气体、烟尘远高于其他能源，煤炭燃烧产生的排放物是造成大气污染的重要原因。在开采、运输、利用这三个环节，煤炭都会对生态环境造成一定程度的破坏，这当中煤炭利用环节对环境的污染最大。

根据表 7.5 和图 7.1，可以看出，江西省仍以煤炭作为能源消费，并且在煤炭利用环节消耗的方式是直接燃烧，煤炭燃烧过程中，既会产生大量烟尘，也会产生一氧化碳、二氧化碳、二氧化硫、氮氧化物等有害物质。每年煤炭燃烧要排放大量废渣、重金属等，这不仅会污染环境，对人体健康也会造成极大危害①。随着江西生态文明建设的不断发展，煤炭的占比逐步下降，但仍然在 60%以上。

① 熊卫东，谭玲．基于能源革命背景下的江西能源发展思路[J]．能源研究与管理，2016(2)：1-5.

表 7.5　江西省 2009—2018 年一次能源消费比重

	煤	石油	天然气
2009 年	72%	16%	0.5%
2010 年	71%	16.3%	1%
2011 年	74%	15.6%	1.2%
2012 年	69.5%	15.8%	1.9%
2013 年	70.5%	17.5%	2.4%
2014 年	68%	16.9%	2.5%
2015 年	66.8%	17.3%	2.7%
2016 年	65.8%	17.1%	3%
2017 年	64.9%	17.5%	3.1%
2018 年	64.4%	18.5%	3.5%

注：根据相关资料整理所得。

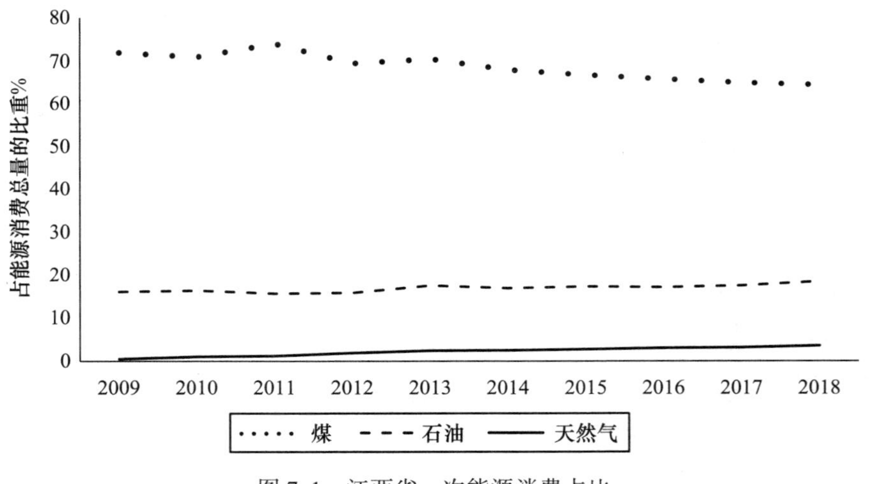

图 7.1　江西省一次能源消费占比

江西省以煤炭消费为主的能源利用结构难以支撑江西省经济的可持续发展，不利于工业乃至生态环境的中长期发展，且江西省对煤炭、天然气、石油等能源需求量大，与此相矛盾的是这些能源在江西省内是非常缺乏的，为了满足工业以及居民生活需求，江西省每年都需要从别的省份调入这些能源。全球低碳经济发展给世界带来了非常规的新能源、可再生能源，全球的能源格局和能源来源正在改变。为顺应能源变革和全球低碳发展潮流，应对能源格局的变化，江西必须积极加快制定和调整能源发展战略，以能源生产和消费革命，推进能源转型，掌握未来能源发展主动权，这既是江西可持续发展的内在需求，也是增强低碳发展竞争能力的战略选择①。

二、江西省核资源现状

江西省是铀资源大省，同时也是重要的铀生产基地，具有举足轻重的地位，是全国三大铀矿基地之一。

（一）铀矿区位与形成

江西铀矿勘查始于 1955 年，至今已走过近 70 年的风雨历程，查明的铀矿床数和探获的铀资源储量名列全国第一，其中不少铀矿床已被开发利用，为我国国防事业和核电发展做出了重要贡献②。从铀资源成矿原理和成矿构造看，中国处于滨西太平洋成矿域和中央亚洲成矿域两大区域，而江西位于滨西太平洋成矿域内。从整体来看，江西的铀矿资源包含赣杭、武夷山、大王山-于山、南岭、修水-宁国、诸广 6 条铀成矿带，相山、桃山、河草坑、白面石、盛源、下庄、鹿井 7 处铀矿田。

（二）江西铀资源规模

江西铀资源规模在全国举足轻重。虽然全国已有 23 个省（自治区）发现铀矿床，但赣湘粤桂四省（自治区）的铀资源占了全国探明储量的 74%。其中，江西省拥有全国最丰富的铀矿资源，江西省境内已发现 102 个铀矿床。铀资源

---

① 熊卫东，谭玲．基于能源革命背景下的江西能源发展思路[J]．能源研究与管理，2016(2)：1-5.

② 陈然志．江西省铀矿勘查开发与战略意义[C]//江西省地质学会．2014 江西地学新进展—江西省地质学会成立五十周年学术年会论文专集．江西省地质学会：江西省地质学会，2014：3.

储量约占全国已探明铀资源总量的三分之一，位居全国首位，铀资源开采量超过全国的五成[①②]，江西铀资源在全国具有举足轻重的地位。江西省乐安县有全亚洲最大的铀矿资源基地，铀矿开采量达到全国开采量的75%，享有“铀都”美誉。此外，江西省还有宁都县桃山铀矿田，也是大型铀矿山。

江西铀矿山类型多样。整体上看，江西有花岗岩型、火山岩型、水热改造砂岩型和碳硅泥岩型四种典型的铀矿床（表7.6），其中前两种铀矿床主要集中于赣杭火山岩带和桃山-诸广花岗岩带、武夷山岩浆岩带，约占全省铀矿床总数的88%。

表7.6 江西省铀矿床类型统计表

矿床类型	矿床数/个	占矿床总数/%
花岗岩型	46	45
火山岩型	44	43
水热改造砂岩型	4	4
碳硅泥岩型	8	8

注：作者根据相关资料整理。

三、江西省核资源开发利用的发展历程

自20世纪60年代始，江西省先后建成并运行了4个国营铀矿企业。受全国铀矿开采布局调整、矿业企业市场化转型及受市场经济大潮等因素的影响，目前只在抚州和赣州还有2个铀矿企业在运行。鉴于铀矿山勘查开发始于打破帝国主义核垄断和核讹诈的历史时期，进行铀矿资源开发的政治意义大于经济利益，铀矿山勘查开发具有典型的计划色彩。改革开放以后，全国经济体制由

---

① 朱嵩，郭志忠．江西矿产资源开发利用现状与对策思考[J]．江西理工大学学报，2009，30（6）：59-62.

② 张金带，李子颖，蔡煜琦，郭庆银，李友良，韩长青．全国铀矿资源潜力评价工作进展与主要成果[J]．铀矿地质，2012，28（6）：321-326.

计划经济体制逐步向市场经济体制转型，重大项目决策(如铀矿山开发)不仅要考虑技术上是否可行，还得考虑经济效益。铀矿资源虽然具有典型的军民两用性，但勘查、开发越来越强调经济的合理性和技术的可行性。

在此背景下，江西的铀矿企业也开始了艰难转型，并开始在满足国家重大战略需求和提升经济效益之间寻求平衡。尤其是在开展技术比较、经济分析、效果评价等方面寻求技术与经济的结合点，在经济效益、社会效益、生态效益之间寻求耦合点，在提升投资效益方面寻求突破点。近年来，江西的铀矿企业转型取得了一些成绩，但是在提升技术水平、改善经济效益、强化尾矿治理、弱化环境负外部性等方面还有较长的路要走。

四、江西省核资源开发利用的现状

江西铀技术储备雄厚，为全国铀矿资源勘查做出了巨大贡献。江西开展铀资源勘查以江西省核工业地质局(前身为核工业华东地质局)为主要力量，取得各类科研成果一千余项，获得国家科技成果奖 10 余项，为国家探明的铀矿资源储量达到了全国铀资源探明储量的四分之一，是国家铀资源勘查领域的重要力量。

江西核资源产业主要依托核工业江西矿冶局，该局是中国核工业集团有限公司派驻的驻赣管理机构，负责管理江西地区(含浙江省)铀矿冶企业，包含中核抚州金安、赣州金瑞、浙江衢州 3 大铀业有限责任公司及江西核工业建设公司、核工业 270 研究所和南方硬岩铀矿冶试验中心等。长期以来，核工业江西矿冶局立足江西丰富的铀矿资源，形成了天然铀产业、铀相关产业、核建设产业、核服务产业、核技术研发等全产业链及周边涉铀产业集群，构筑了完备的江西核资源产业体系。

第三节 江西省核资源开发困境及环保突围路径

随着国家大力发展清洁能源，核能成为我国发展清洁能源的重要选择，给江西省铀矿的勘查和开发创造了新的机遇。本节主要从江西核资源开发利用存在的现实困境出发，从生态环境保护角度提出江西核资源开发利用的突围路径。

一、江西省核资源开发利用的困境

根据前文对核资源开发利用系统与生态系统耦合协调度的计算分析，江西也正面临着同种问题，生态环境保护较好，却在开发利用核资源过程中面临着不少困境，主要有融资渠道单一、人才流失、环境污染等问题，阻碍着江西核资源产业的做大做强。

（一）融资渠道单一，扩大生产受限制

铀矿行业是一个在国家高度管控下封闭运行的行业，铀矿企业的日常经营具有典型的"计划经济"色彩。铀矿产品价格由国家制定，铀矿企业的收入高度依赖于产量，而铀矿产量与国家军民两用的需求高度相关。因此，铀矿企业的收入相对稳定，铀矿企业想要扩大规模，就必须进行融资。鉴于铀矿企业的高度保密性，其融资渠道更多的来自国有银行贷款、政府注资以及行业内企业（中核集团、中广核集团等）的拆借，很难通过社会性融资渠道获取资金。融资渠道的单一性，制约了江西铀矿企业的发展壮大，也影响了铀矿企业在技术革新与应用、人才引育、绿色矿山创建等方面的投入。

（二）人才储备严重不足，束缚铀资源的健康开发

铀矿行业的人才流失主要源自三个方面：一是铀矿工作条件相对艰苦，属于艰苦行业，对人才的吸引力远不如其他行业，难以提高人才"增量"；二是铀矿企业经营效益不佳，难以为高素质人才提供有竞争力的薪酬，也使得企业

原有人才流失率偏高，难以保障人才“存量”；三是铀矿企业人才难以获得技术培训、学历提升等深造机会，企业整体技术水平难以得到有效提升，束缚铀矿企业的高质量发展。

（三）铀矿资源综合利用还有待进一步提升，环境污染遭到一定破坏

江西省的很多铀矿都是贫矿、伴生矿，普遍开采难度大、成本高，也容易造成资源浪费和环境污染问题。江西省铀矿往往与其他资源伴生，受限于技术水平以及成本约束，一些企业会在矿产开发过程中“采富弃贫”，造成较大的资源浪费。同时，因为铀矿具有一定的放射性，还会带来不同程度的固体污染、水污染、土壤污染，带来一些环境问题。有必要加大铀矿资源综合利用水平和效率，提高铀矿资源的利用率，也弱化生态环境污染问题。

二、江西省核资源开发的环保突围路径

结合国家生态文明试验区（江西）建设的时代背景和江西核资源开发的现状，江西发展核资源应该从以下几个方面开展环保突围：规划优先，强化顶层设计，为核资源开发保驾护航；加强技术研发与投入，提高铀矿利用效率；要做好宣传工作，消除人民对于核电的不安心理。

（一）规划先行，一张蓝图绘到底，强化顶层设计

强化顶层设计，加强规划硬约束，构建从铀矿勘查、铀矿开采、尾矿处理、矿山修复、环境保护全产业链条的路线图。强化各环节的技术规范和环保要求，做好做细社会稳定风险评估和环境评估工作，聚焦环保要求，开展绿色矿山治理与创建，打造绿色矿山样板。因地制宜的创新铀矿监管体制机制，有效弱化生产单位不合理开采对铀资源造成的浪费，切实减少对生态环境的破坏。

（二）加强技术研发与投入，减少铀矿开发对生态环境的破坏

加强铀矿山环境治理与保护，需要加强科技研发与投入，不仅提高铀矿开采的综合利用效率，同时减少铀矿开发利用对土壤、水源、空气的污染。有序

推进铀矿山技术升级改造，通过自主技术研发和技术引进解决铀矿山发展中的瓶颈问题，通过与国内大型矿山公司(中国核工业集团有限公司、中国广核集团有限公司、国家电力投资集团有限公司、中国五矿集团有限公司等)联合开展科技协作和科研攻关，破解铀矿山领域的"卡脖子"技术问题。

(三)在生态环境方面，加强对铀矿山环境建设和治理工程的建设力度

矿山开发与生态保护从来就不是相互孤立两端，更不是矛盾冲突"跷跷板"，它们之间可以相互平衡、相互促进。可以把生态环境治理摆在优先位置，持续推进生态工程的建设，实施专项环境整治行动，通过强化政府监管、加强制度建设来强力治理保护矿山生态环境。通过生态环境整治行动，依据相应的政策支持，来实现对地区生态环境的治理和保护。

第八章

核资源开发市场经济分析及有效开发利用建议

当前我国正经历着百年未有之大变局，这是前所未有、百年罕遇、立破并举的新时代，技术不断创新背景下的产业变革，正在推动着国内经济快速增长和持续转型。科技创新已带来铀资源经济的高质量发展，我国铀资源产业发展已基本实现了由跟跑到并跑，核资源的开发利用离不开市场的支撑，所以需要对核资源的市场环境进行深度分析，由于核资源的特殊性，更需要从公共伦理的视角进行思考，并提出解决建议，以推动核资源的经济性科技发展，最终实现生态保护与技术发展的共赢局面。

第一节　核资源的市场化开发存在的困境

一、成本收益不对等且对外依存度较高

与火电等传统能源对比，核电燃料成本占比较低，受能源价格波动影响较小，具备成本效益，且易于储备。2013 年以后，国家结束了核电“一厂一价”的定价机制，意味着核电发展从计划经济走向了市场经济，进一步凸显了核电的经济性。但是核电的投资成本较大，尤其是近年来核电采用更严格的安全和审核标准以后，核电的建设成本进一步攀升，导致核电与火电等其他电力的比拼中越来越不占有优势。同时，我国铀资源大部分属于非常规铀，不仅品位

低、埋藏深，且开采成本昂贵，因此需要海外进口，主要进口国家有哈萨克斯坦、乌兹别克斯坦、加拿大、纳米比亚、尼日尔和澳大利亚。从2010年开始我国铀资源对外依存度基本维持在70%以上，2017年我国铀资源对外依存度高达77.38%，如图8.1所示。

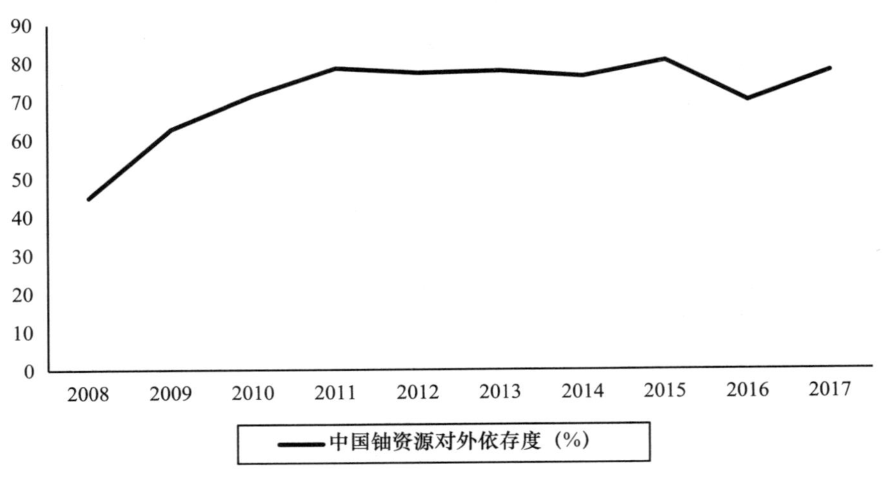

图8.1　2008--2017年中国铀资源对外依存度

二、开发风险高且安全保障不够完善

目前，中国核电站建设相对完善，但是核电的风险意识要一直深入人心，因为发生核电事故的后果是人类难以承重的，对人类的安全危险是灾难性的，例如核废料的处理问题就是当前最棘手的问题，截至目前，日本核辐射带来的问题还没有得到妥善的解决，随着几期核事故的发生，使得大家处于一种“谈核色变”的尴尬处境，而且核电站或核武器库也容易成为敌对势力攻击的对象。近年来，黑客攻击日益严重，2020年美国就宣称核武器、政府官网等正遭遇史上最严重的黑客袭击，风险已达“危重”级别。高风险的存在也推动美国等国家制定了更严格的安全标准，也间接导致很多核电计划的搁浅。

三、市场融资困难且赔偿机制不完善

核资源的开发利用有其特殊性，一方面中国核电的运营，因为安全性等原因，主要由国家机构统一管理和运行，导致融资的渠道比较单一，竞争性因素偏弱，影响到了核资源开发的效率、技术创新、设施完善程度等；另一方面，长期、高成本的投资，也会导致核电项目在资本市场上失宠，而融资困难无疑将放缓核电发展的步伐。需要尽快找到核电安全、经济高效的切合点，在国家政策法律的允许下尝试多元化的融资。

补偿机制有待完善，如果发生核电事故，会产生远大于企业承受能力的社会风险。例如，核事故发生以后，东京电力公司就面临巨大的赔偿资金，其实际支付的资金犹如“杯水车薪”，公司将运行核电的成本外部化，导致责任公司“无法偿还”成为常态化，只能通过国家或者其他机构进行补偿支付，这种情况无疑助长了高风险的产生。

四、社会公众对核能安全尚存在一定顾虑

核能公共接受性是核电发展的关键问题，从核电的产生之日起就开始影响着核电的发展。核事故的发生会引起民众的恐慌，进而影响核电相关规则的制定以及核电的可持续发展。尤其是福岛核事故后，公众对核能发展的支持率下降。公众对核电安全的关注达到前所未有的程度，对“核”的恐惧心理导致世界各地爆发了大规模的反核示威活动。由于当地民众的反对，广东江门市政府2013年就宣布取消了中核集团申请在鹤山龙湾工业园立项的核燃料加工厂项目。可见，公众对核电的接受程度对一个国家和地区的核能发展政策有十分重要的影响。目前我国核资源开发过程中的风险担当意识仍不完善，缺少对核资源开发反对者的有效的应对，导致很多反核观点不断影响民众的心理，进而影响政府的相关政策，在网络化的今天，相关信息控制的压力不断增大。

五、核电市场化程度有待进一步提升

核电价格从最早的“一厂一价”到后来的标杆电价，再到目前的市场化交易，核电市场化不断完善，我国早在2015年就开始构建多元化主体、公平竞争的电力市场，通过市场化作用促进企业的不断发展。核电作为主要的组成部分，在2019年已经占据电力市场的三成左右，但是整体电力市场的定价，未合理考虑外部性成本，导致各发电成本差异较大，而输出价值“一刀切”，随着核电建设成本的逐渐提高，价格优势不再明显，急需要中长期交易、合约化等多级市场交易模式，积极推进发电侧和销售侧电价市场化，通过多元化的机制保障核电等清洁能源的可持续发展。

第二节 核资源开发的公共伦理分析

在风险环境下，公众接受性作为核资源开发的关键因素，其伦理探讨显得尤为重要，核资源的可持续健康发展，既离不开技术的创新和制度的保障，也离不开道德习俗和理论规范的制约和导向。

一、核资源开发的伦理内涵

（一）安全性是核能实践的底线与基础

安全是核资源开发的底线，核资源的开发涉及多方面主体的利益，非常复杂，其关键还是在于对安全伦理的重塑和定义，核能发展的本质在于既可以促进经济的不断发展，又不会对生命安全造成潜在的威胁。需要尽快建立政府、企业以及民众之间的有效沟通机制，把安全道德和伦理准则作为核安全的核心，伦理安全的构建与技术、制度的完善互相补充，安全优先于发展，生态先行。

（二）公平性是核能伦理的主要维度

核能的开发利用不只是一个国家的事情，还涉及全球核能相关利益的博弈，甚至是冲突，中国作为核能开发利用的大国，维护和推动全球核能的均衡平稳的发展有着应尽的义务，所以说公平也是核能伦理的主要部分。一个国家开发和利用核能，不仅是这个国家的事情，还要遵守国际的准则，比如遵守“核不扩散条约”，即核能的负外部性不能危害全球的共同利益，要恪守自己的原则，立足于可持续发展的视角发展核能，实现生态环境与经济发展的有机统一。

二、核资源开发的风险成因分析

（一）人为因素

关键决策来源于人的主客观分析，核安全的问题其根源还是在于人。20世纪60—90年代的西方工业事故中人为因素由20%扩展到80%，甚至达到85%（E・Hollnagel 1998），而日本福岛核电站和苏联切尔诺贝利事故也主要是人为因素导致的。人在核资源的开发利用中，既是安全的保障者，也是很多安全问题的制造者，信息自动化水平的提高不能掩盖人为因素的重要性，人的决策才是整个开发利用的核心，一定要重视和控制人为因素导致的潜在危险性。

（二）技术因素

技术是核电发展的“双刃剑”，技术在推动经济高速发展的同时，也会带来很多潜在的隐患，新技术会滋生新的风险，单单依靠技术来消除核资源开发的风险是不现实的。目前我国实现了技术的突破，自主研发的第三代技术，理论上杜绝了核电事故发生的可能性，但是仍要有安全的意识，因为任何能源的开发利用都不是绝对安全的，而且除了核能的开发，在其运输、保管、选址等环节也涉及技术因素，以前也发生过类似的安全问题。

（三）政府因素

核资源开发中如果产生负的外部性，其影响是企业不能承受的，需要政府介入和进行规划，由于其核资源的特殊性，政府在其开发利用中需要发挥更重要的作用。一方面相对于企业等市场主体，政府往往处于信息劣势的一方，企业也会有意识的保护其核心的信息，信息的不对称无形中增加了监管的难度；另外一方面，政府本身的有限理性也会导致核能风险的发生，决策的制定往往受到核电事故的发生、“寻租”利益行为的博弈等相关因素的影响，甚至如果核武器被恐怖分子利用，则后果非常严重。

（四）社会因素

公众的接受程度是核能开发利用的重要因素，但是在核能发展的历史上，不是存在科学理性的声音高于社会公众的声音，就是当重大灾难发生以后，公众的社会理性又盖过了科学理性的声音，导致好的项目因为社会的广泛质疑而搁浅，其根源就是不同利益群体的博弈，信息沟通机制不完善，遮遮掩掩反而间接推动了反核情绪的不断提升，引发社会风险。核能的开发利用要权衡社会理性与科学理性的相互关系，尤其在当前我国已经掌握第三代技术的前提下，要更多地考虑社会理性因素，不要盲目地相信科学理性的价值，要让道德伦理进入核资源开发的各个环节，确保科学理性与社会理性共同作用核资源开发的全过程。

三、生态视角下核资源相关利益主体之间的博弈分析

核资源开发的相关利益主体主要有政府、开发企业、附近居民，三者的相互合作理解是核资源可持续发展的关键。

（一）核资源开发企业与地方政府的博弈

区域核资源是当地的宝贵资源，由于核资源属于不可再生资源，如何开发利用核资源需要地方政府合理规划。核资源的开发不仅会使当地的资源减少，开发过程中产生的“三废”还会污染当地生态环境，同时开采也会导致地质环境的破坏从而诱发地质灾害。因此，企业在发展的同时一定要和地方政府对经济、生态以及社会利益的诉求要达成一致。政府既要提高企业核资源开发的积极性，更要通过行政、财税等手段确保生态安全，双方要找到切合点，实现利益最大化。

（二）核资源开发企业与附近居民的博弈

核资源开发企业与附近居民之间的博弈是公众接受性的关键，也是核电安全公众伦理的基础。一方面，开发企业需要靠生产盈利产生经济效益，同时为附近居民提供就业岗位；另一方面，由于核资源开发会造成一定的环境污染，

遭到附近居民的抵制，所以企业要将负外部性内部化，确保生态环境安全。同时，企业通过提高资源产量来增加企业经济效益，而企业收益多少直接影响了核资源开发区的环境保护与治理的投入占比，附近居民既希望核资源开发企业给他们带来收入，也希望企业能够因破坏生态环境而给予一定的补偿，所以企业保护与否和居民希望与否就形成了企业与居民的博弈关系。

（三）核资源开发附近居民与地方政府的博弈

总的来说，核资源开发过程中伤害的人群要低于生病、交通事故、饮酒吸烟等，但是其影响的不可测性和灾难性远高于其他伤害，会极大地冲击附近居民的心理底线，附近的居民通过抗议等行为，寄希望于政府来保障和满足他们的诉求，要求政府进行生态补偿或者停止对核资源开发项目的审批。政府既需要公众的支持，又需要企业的快速发展，更期望提高居民的生活环境质量，所以也形成了政府与附近居民之间的博弈关系。

四、核资源开发的公共伦理分析及建议

（一）新时代核能公众伦理沟通存在的主要问题

从地方政府视角看，常态化的沟通机制尚未形成，目前主要以企业推动为主，范围有限且深度不够，企业之间的沟通也尚待提升。一方面社会力量对核能产业发展的支持不足，包括公众和媒体等；另一方面，核能企业和地方政府对公众的信息公布机制不完善、不透明，且并未完全适应网络新媒体的发展，线上线下配合程度有限，对公众的引导不足，导致公众参与度过低。权威媒体需要加大对核资源开发信息的常态化公布，提高对公众伦理道德的关注程度和重视程度，建立健全多元化的信息共享平衡机制。

（二）核资源开放利用过程中进行公共沟通的建议

1. 伦理价值观的引导

从企业的角度，研究如何立足于伦理的背景下构建核资源开发的各个环

节，重塑和澄清各个环节中涉及的价值观、安全观、科学发展观等，例如理解为什么？怎么做？最终如何实现等问题。从政府的角度，如何制定合理的政策方针，从经济优先向安全优先、生态优先进行转变，引导核经济健康、和谐、规范的发展，充分体现对生命安全伦理的高度重视。

2. 信息沟通，消除民众恐慌

我国的核资源科普工作起步比较早，借助报纸、电视、书籍、会议等各种形式进行宣传，起到了积极的作用，近年来核企业及学会也通过多种活动不断加强对公众的宣传力度，积极开展信心沟通相关平台建设，比如海南核电的"六部"沟通法，效果就比较明显。新时代信息网络化更要注重沟通的方式方法，避免被一些不良网络人或媒体利用，出现比较严重的反核事件。在沟通中要注意几点：首先信息要客观公正，不能为了宣传效果而夸大核资源开发的优点，低估缺点；其次注意沟通双方的平等关系，可以通过开放日活动、工业旅游等方式提高公众的参与感和体验感，这样才能让公众感到被尊重，效果会更好；最后信息沟通平台要接受民众的监督，也要及时透明的公布信息，通过有效的线上或线下沟通，逐步引导公众参与核能安全的监督管理。

3. 心理干预介入，防患于未然

政府应该利用主流媒体让公众更多地了解核资源的相关知识，理性客观的看待核资源开发和利用中的潜在危险，积极利用沟通平台，保持政府与民众的良性互动，肯定民众参与和了解核信息的权利，让民众积极参与到相关的决策中，并且通过法律机制，实现对民众的相关生态补偿。在全球范围内，当核资源相关事故发生以后，成立专门小组进行有效的心理应对和干预，保证民众心理平稳，避免心理抵触情绪，进而维护社会的稳定。

4. 强化行业与媒体、校园的合作

发挥新时代网络新媒体的作用，可以通过对话节目、宣传专栏、微电影、漫画等方式，定期或不定期的举办相关见面会、活动日以及高峰论坛等，提高公众对核知识的认识程度，全面打造新时代核资源信息沟通的新阵地。组织权威专家成立沟通小组，针对涉及核资源的具体项目进行专题沟通和解释，定期召开交流大会，逐渐形成权威、公开的交流平台；开展核资源科普教材进校园活动，培养学生核意识。

第三节　新时代下我国核资源开发利用展望

2020年新冠疫情席卷全球，造成了世界经济的大萧条，当前国际环境更加复杂，形势变化更加难以预测，面对未来的能源低碳化需求，核能和可再生能源是实现零碳排放的重要途径。目前，我国已经成为核资源开发利用大国，实现了从“二代”到“三代”技术的跨越，主要核电设备在中国落地，已经逐渐形成完善的核产业体系，核资源开发企业已经成为国家经济快速发展的强有动力。

一、核资源开发利用势在必行

核产业是拉动我国经济发展的重要力量，在当前国内大循环为主体、国内国际双循环相互促进的新发展格局之下，加大对核资源的开发利用是推动经济高质量发展的重要举措。当前形势下，火力发电对生态环境的压力不断增大，风能、潮汐能、太阳能等非化石能源发电形式又不足支撑我国发展需求。在目前客观形势下，具有生态效益良好、清洁安全高效、经济拉动效果显著等优势的核电就显得尤为重要，另外，还需要积极推动自主核电品牌“走出去”，围绕“一带一路”倡议，积极拓展国际市场，助力双循环发展格局。

二、核资源开发利用始终遵循的基本原则

1. 坚持全球视野、国家之上

以全球视野深化科技创新顶层设计体系，指导科技发展方向，引进学习全球先进科技成果，升级天然铀标准体系，助推科技创新与天然铀产业高质量发展深度融合。精准定位核电的特殊性，发挥政府与市场的共同作用，不断提升核资源开发利用的新水平和新技术。

2. 坚持自主发展，改革创新

坚持在科技自立自强基础上扩大对外开放合作，不断完善核技术和新制度，技术创新能力必须不断巩固和加强。以深化供给侧结构性改革驱动技术升级换代，深化科技体制机制改革，坚持人才为先，分类指导，大胆探索，先行先试，着力构建适应新时代发展的创新体系和模式。

3. 坚持需求导向、协同创新

以“生态绿色”“高效智能”倒逼天然铀勘查开发技术升级，实施科技重大项目，加强“卡脖子”技术攻关和基础性、前沿性、颠覆性技术研究，持续提升核心技术水平。建立合作创新方式，以全面开发姿态联合国内外优质资源，以自身为主开展科研大合作，引导创新要素向我国铀资源聚集，深化协同创新发展，加快实现从跟跑、并跑到领跑的转化。

4. 坚持改革驱动，高质量发展

供给侧改革背景下，核资源发展的关键在于质量提升，确保核心竞争力，通过供给侧和需求侧改革，建立现代化经济体系，确保核大国的地位，缩小与其他核大国的差距。

三、核资源开发利用的目标展望

改变传统“一矿、一厂、小而全、小而散”的开发模式，建设规模化、集约化、高效化、高技术的铀矿大基地，形成铀矿资源利用的大基地开发格局。实施铀资源能力倍增科技工程，通过15年科技攻关，分“三步走”，建立绿色、智能、高效的第四代铀矿勘查采冶技术体系，实现我国铀资源产业“资源倍增、产能倍增、效益倍增”三大增长。

1. 第一个五年目标：2021—2025年

初步构建第四代铀矿勘查采冶技术，基本建成高放废物处置地下实验室，提高数字化铀矿勘查技术和智能化地浸技术。

突破直接测铀、探采一体化等关键技术，砂岩铀矿探测深度达到1000米，完成空白区调查评价80万平方千米，累计资源量较目前资源总量提高30%；

突破铀煤协调开采、水平井、百万吨级堆浸、801铀多铀属高效分选、二连非地浸铀资源自动化开采等关键技术，砂岩铀矿开采深度达到800米，地浸采铀实现智能化和污染近零排放，全员劳动生产率达到4吨/人·年以上；实现公斤级海水提铀；建立全国铀资源勘查开发大数据平台。

2. 第二个五年计划目标：2026—2030年

基本建立第四代铀矿勘查开发技术体系，大数据找矿、地浸采铀实现领跑，硬岩无人化采掘技术达到国际先进水平。

突破铀多铀属、非常规铀资源定量评价等技术，砂岩铀矿、硬岩铀矿探测深度分别达到1200米和1500米，完成空白区调查评价100万平方千米，累计资源量较目前资源总量提高60%；突破非地浸铀资源高效开采等关键技术，砂岩铀矿开采深度达到1000米，全员劳动生产率达到6吨/人·年以上；建立吨级海水提铀平台装置；建立国际适用的铀资源勘查开发技术体系，发布国际标准2项；高放废弃物地质处置技术基本实现工业化应用。

3. 第三个五年计划目标：2031—2035年

全面建成绿色、智能、高效的第四代铀矿勘查采冶技术体系，全球影响力和话语权显著提升。铀矿探测深度达到2000米，全面消除空白区，累计资源量较目前资源总量提高1倍；铀矿开发全面实现智能化，砂岩铀矿开采深度达到1200米，全员劳动生产率达到8吨/人·年以上，硬岩开采全员劳动生产率达到3吨/人·年以上；共伴生资源综合利用水平国际领先，海水提铀达到吨级规模。

四、未来核资源开发的五大主要任务

1. 铀资源探采重大基础前沿研究

勘查领域：在国内探索不整合面型、钙结岩型、中亚式超大砂岩型等新类型铀成矿环境研究；探索塔里木等盆地大规模成矿条件；实施深部科学探测。矿冶领域：复杂非均质地层溶质运移；铀多金属微生物组合强化浸出、基因矿物高效分选、高效洁净提取机理。

2. 砂岩型铀矿绿色智能探采技术

勘查领域：突破无人机快速探测、中子测铀、探采钻孔一体化、智能勘查等技术装备；主攻准噶尔、塔里木、松辽、鄂尔多斯等盆地。矿冶领域：突破铀煤协采技术；解决铀矿床超深低渗开发难题；掌握地浸采铀地下水修复工艺；突破大数据智能地浸铀矿山技术、铀提取精制一体化技术。

3. 硬岩铀矿安全高效探采技术

勘查领域：突破航空电磁、高光谱智能填图等快速找矿技术；研制轻型模块化钻探装备、井中瞬变电磁仪等设备；落实后备资源勘查基地。矿冶领域：突破棉花坑复杂零散矿体自动化开采技术；打通努和廷超大型泥岩铀矿水利开采、高效采冶试验流程；研发塔木素高成岩度砂岩铀矿开发关键工艺，开展现场试验。

4. 放射性共伴生资源高效清洁利用

勘查领域：开展全国放射性共伴生资源调查，摸清“家底”并开展可利用评价，落实大型共伴生资源勘查基地。矿冶领域：突破铀稀土、铀铍、铀铼等有用矿物分选和高效水冶回收技术，开展现场扩大试验；突破多铀属高效分离材料合成、废渣处理技术，支撑独居石、铌钽矿、锆英石综合回收产业项目。

5. 海水提铀及非常规铀资源勘查开发技术

海水提铀：依托中国海水提铀创新联盟，研制海水提铀材料及装置，提高材料吸附容量；建成海水提铀性能测试平台，开展公斤级海水提铀试验；构建海水提铀材料性能和技术经济评价标准。黑色岩系非常规铀资源：快速查明南方黑色岩系非常规铀资源家底；开展磷块岩高效浸出试验和技术经济评价。

第四节 新时代下核资源开发利用的相关建议

在大力发展生态文明建设的同时，核资源开发利用技术也需不断发展。但是，目前我国核资源开发利用仍然会遇到各种不同的困境，结合不同时期的开采技术创新规划，从宏观层面对核资源开发与利用提出建议。

一、借助政策扶持来充分发挥铀资源经济优势

我国一直高度重视铀资源的开发和利用，新中国成立以后，我国用较短的时间打破了当时外国的核封锁。一方面，我国需要不断提高核电、风电等非化石能源、可再生能源在电力市场的比重，减少煤电等化石能源的比重；另外一方面，当前形势下，我国铀资源存量不足、勘查管理体制不完善等问题逐渐显现出来，在铀资源的勘测、相关补助、产品定价、战略储备、行业协调等方面进行政策扶持。同时，铀矿作为矿产资源的一种，也需要采用“谁破坏，谁付费”的有价生态补偿机制，设置专项补偿基金，最终确保铀资源优势能顺利的转化为经济、生态及社会优势。

二、基于市场主导地位来有效发挥市场经济调节作用

市场稳定有序发展是核资源开发的主要保障，在当前疫情常态化的形势下，使用的核电基本平稳运行，很多铀矿开采企业却面临停产、停工，导致供需不平衡，刺激铀矿市场的持续高涨。积极探索责权清晰的市场化经营模式，多元化融资的股权合作模式，实现利益共享、风险共担的营运模式，促使企业不断地提升自己，努力的降低成本，提高产品质量，推动产品革新，积极解决环保问题。

三、依托科技创新以全面提高核资源利用水平

技术不断创新是核资源可持续发展的关键所在，我国可以从制度体制、财税政策等方面助力技术提升，一方面要淘汰技术落后、效率低下、效益不高的产能；另一方面要通过人才培养、校企合作不断进行技术革新，比如研发海洋铀矿提取技术、大数据勘测技术、深处探测技术等，争取尽快成为核资源开发利用标准的制定者以及核心技术的领导者，促进高质量发展，实现核资源的可持续利用和开发。坚持将创新放在核心地位，树立科技自立自强的理念，加强基础性、战略性、前沿性和颠覆性科技创新，加强基础科研能力建设，加强创新平台建设，加大研发投入力度，久久为功，系统策划，聚焦前沿领域超前布局、加快赶超，尽快突破关键核心技术，提升核心竞争力。

四、依赖制度保障来提高核资源利用安全水平

核电站的安全一是指核电站的设计是否安全，二是指设备的制造是否安全，三是指电站的运行是否能保障安全。从核电设备来讲，作为核安全级的设备，会有一套非常严格的设计要求和制造监管要求，安全质量是非常高的，且我国对核电的运行安全非常重视，除了硬件的设施，更需要有软件的制度保障体系，尤其在疫情常态化的形势下，更要通过制度体制机制创新，发挥核电国企的政治优势、规模优势、创新优势，不断提升核资源开发利用效率和水平，构建全产业链运营模式。

五、围绕核能人才培养来切实提升劳动生产力

核资源开发这个特殊行业，其健康的发展离不开人才体系的支撑，我们需要建立一支结构合理、持续发展的高素质人才队伍，深入校企合作、产教融合，打通技术转化的通道，为第四代技术革新储备力量；提高人才薪酬待遇，加强核工文化建设，让人才“进得来、留得住”，鼓励人才远离“舒适区”，敢于走进技术的“无人区”。

参考文献

[1] 卞丽丽．循环型煤炭矿区发展机制及能值评估[D]．中国矿业大学，2011.

[2] 曹惠民．基于耦合理论的城市基层社区治理研究[J]．探索，2015(6)：93-97.

[3] 陈小辉，邓杰英，文佳．浅谈软件的可维护性设计[J]．华南金融电脑，2009，17(3)：78-79.

[4] 成桂芳，潘军．论生态环境系统与社会经济系统的协调发展[J]．华东经济管理，2000(6)：79-80.

[5] 陈然志．江西省铀矿勘查开发与战略意义[C]//江西省地质学会．2014 江西地学新进展—江西省地质学会成立五十周年学术年会论文专集．江西省地质学会：江西省地质学会，2014：3.

[6] 陈其慎，于汶加，张艳飞，等．矿业发展周期理论与中国矿业发展趋势[J]．资源科学，2015，37(5)：891-899.

[7] 董宏真．浅谈某铀矿水冶数字化建设[C]//中国核学会．中国核科学技术进展报告(第五卷)—中国核学会 2017 年学术年会论文集第 2 册(铀矿地质分卷(下)、铀矿冶分卷)．中国核学会：中国核学会，2017：6.

[8] 丁浩，宋琛．区域经济与生态环境系统动态耦合及响应过程研究[J]．河南科学，2015，33(2)：297-303.

[9] 方鹏．核辐射技术在环境保护中的应用[J]．资源节约与环保，2017(9)：71-72.

[10] 方云祥．安徽省典型流域生态系统健康评价及管理对策研究[D]．中国科学技术大学，2020.

[11] 冯昊青．基于核安全发展的核伦理研究[D]．中南大学，2008.

[12] 郭文慧．淮河流域矿产资源开发与生态系统耦合机制研究[D]．合肥工业大学，2012.

[13] 郭增建，秦保燕，郭安宁．地气耦合与天灾预测[M]．北京：地震出版社，1996：1-3.

[14] 黄磊，吴传清，文传浩．三峡库区环境—经济—社会复合生态系统耦合协调发展研究[J]．西部论坛，2017，27(4)：83-92.

[15] 黄莎．传统生态伦理思想与我国法律生态化实践[J]．湖北行政学院学报，2016(5)：85-89.

[16] 郝立丽，李凌寒，张滨，陈彦冰．黑龙江省林下经济与生态环境系统耦合协调发展研究[J/OL]．林业经济问题：1-8[2020-12-06]．https：//doi.org/10.16832/j.cnki.1005-9709.20200053.

[17] 具杏祥，苏学灵．水利工程建设对水生态环境系统影响分析[J]．中国农村水利水电，2008(7)：8-11.

[18] 廖重斌．环境与经济协调发展的定量评判及其分类体系—以珠江三角洲城市群为例[J]．热带地理，1999(2)：3-5.

[19] 廖晓东，陈丽佳，李奎．“后福岛时代”我国核电产业与技术发展现状及趋势[J]．中国科技论坛，2013(6)：52-57.

[20] 刘兆顺，李淑杰．区域经济社会与生态环境系统稳定性分析模型与应用研究[J]．软科学，2010，24(4)：76-78+82.

[21] 刘春林．耦合度计算的常见错误分析[J]．淮阴师范学院学报(自然科学版)，2017，16(1)：18-22.

[22] 刘洪军．走近天然铀[N]．经济日报，2019-08-02(16).

[23] 刘洪超．铀矿退役整治工程辐射防护与环境保护[J]．绿色科技，2019(24)：169-171.

[24] 刘永萍，王超．新疆产业结构变迁与生态环境系统协调性测度分析[J]．石河子大学学报(哲学社会科学版)，2012，26(2)：6-9.

[25] 梁若皓．矿产资源开发与生态环境协调机制研究[D]．中国地质大学(北京)，2009.

[26] 林双幸，张铁岭．加快钍资源开发促进我国核能可持续发展[J]．中国核工业，2016(1)：32-36+64.

[27] 李云燕．循环经济生态机理研究[J]．生态经济(学术版)，2007，189(2)：126-130.

[28] 马智胜，孟召博．基于循环经济的矿产资源价格经济学分析及创新研究[J]．企业经济，2014(4)：33-36.

[29] 卿永吉．长江流域铀矿资源的开发与利用[J]．长江流域资源与环境，1994(2)：147-151.

[30] 孙淑生，张刘卫．湖北省区域经济与生态环境系统协调度分析[J]．人民长江，2017，48(17)：16-19+33.

[31] 苏永杰，姜维国，邵海江，等．核能利用与环境保护[J]．能源环境保护，2006(4)：16-19.

[32] 宋杰鲲，李殿伟．油矿城市转型及可持续发展初步研究——以山东省东营市为例[J]．中国石油大学学报(社会科学版)，2006(1)：36-39.

[33] 宋建军．提高矿产资源开发利用效率的思考[J]．国土资源情报，2015(9)：28-33.

[34] 吴丹丹．乳源县农村居民参与乡村环境保护的意愿分析[D]．仲恺农业工程学院，2018.

[35] 魏勇．区域生态环境系统与经济发展的协调性研究：重庆市 1999—2008 年例证[J]．西南农业大学学报：社会科学版，2011，9(3)：1-6.

[36] 王晓红，潘志刚．技术进步、经济、生态环境系统关联与优化分析[J]．生态经济，2011(6)：48-51.

[37] 王立群，邱俊齐．试论生态环境系统与社会经济系统协调发展的可实现性[J]．北京林业大学学报，1999(1)：3-5.

[38] 王琦．产业集群与区域经济空间耦合机理研究[D]．东北师范大学，2008.

[39] 王倩楠，冯百侠，陈金．京津唐地区生态环境系统建设能力评价[J]．河北联合大学学报(社会科学版)，2013，13(2)：42-44.

[40] 徐剑，罗开清．湖州市物流发展与生态环境系统耦合度研究[J]．农场经济管理，2020(8)：48-52.

[41] 熊卫东，谭玲．基于能源革命背景下的江西能源发展思路[J]．能源研究与管理，2016(2)：1-5.

[42] 于婷婷，宋玉祥，浩飞龙，王文刚．限制开发区经济系统和生态环境系统的耦合度评价—以吉林省抚松县为例[J]．资源开发与市场，2016，32(7)：798-801+852.

[43] 杨洲．建筑和媒介生态系统[J]．中外建筑，2010(1)：46-48.

[44] 杨梅焕，曹明明，雷敏．陕西省经济发展与资源环境协调演进分析[J]．人文地理，2009，24(3)：125-128.

[45] 朱嵩，郭志忠．江西矿产资源开发利用现状与对策思考[J]．江西理工大学学报，2009，30(6)：59-62.

[46] 张金带，李子颖，蔡煜琦，郭庆银，李友良，韩长青．全国铀矿资源潜力评价工作进展与主要成果[J]．铀矿地质，2012，28(6)：321-326.

[47] 郑鹏，熊玮．江西重点生态功能区生态补偿的绩效评价与示范机制研究[M]．北京：中国经济出版社，2019.

[48] 张坤民．中国的核能与环境[J]．环境保护，1994(2)：4-5.

[49] 张帅．江西省旅游经济与生态环境耦合协调关系的时空分析[D]．东华理工大学，2017.

[50] 张林波，李文华，刘孝富，等．承载力理论的起源、发展与展望[J]．生态学报，2009，29(2)：878-888.

[51] 朱鹤健，何绍福．农业资源开发中的耦合效应[J]．自然资源学报，2003(5)：583-588.

[52] 张乃丽．日本核电力资源开发的特点及问题[J]．现代日本经济，2007(4)：12-16.

[53] 张效莉，王成璋，王野．经济与生态环境系统协调的超边际分析[J]．科技进步与对策，2007(1)：101-103.

后　　记

当前，全球矿业正在逐渐进入高科技发展与保护生态环境共赢的全新发展阶段。正在加快以高“三率”、去“三废”、安全开采、环保采矿为特征的绿色矿山建设步伐。需要我们在找矿、采矿、选矿中多采用国内外先进科学技术，并进一步创新加以应用。对于开采要求较高的核资源，需要我们采用系统思维，采取全链条管理，确保全程绿色开发与利用：一是要提高绿色找矿技术。在原有寻找铀矿基础上，继续创新调查、勘查技术与方法，做到基本不影响生态环境。二是要坚持绿色采矿。继续发明更为科学、更为先进的开采技术，达到铀矿采矿回收率要求指标，保障采矿安全；推进绿色铀矿选冶，主要采用适用于矿床类型的选冶药剂和先进的选冶技术方法，达到高水平选冶回收率及矿产资源综合回收率；对废渣(尾矿)、废水、废气科学处理，甚至变废为宝。严格执行铀矿山生态环保与修复，做到全链条绿色发展。三是要加强铀矿山精细化管理。完善相关管理法规，提高管理效率；减少铀矿业税收，为铀矿山生态环境保护改善提供条件；支持鼓励老矿山深部、周边找矿，利用已有资源，维持生产。四是充分发展核资源市场、铀矿企业、行业组织桥梁沟通作用，实现互促、互助、共赢，促进核资源绿色发展。五是要依靠科技，依靠人才和团队，更好地推进绿色铀矿业的发展。

笔者经过多年的潜心研究，综合了经济、社会、环境等多学科知识，进一步丰富了多年研究的生态文明成果，将本书作为老核工业人的内心之作奉献给大家。作为在核工业文化浸润了快三十年的学者，亲历了我国核工业的发展历史和铀矿山的发展以及见证了核资源的国内外开发利用现状，从铀矿井到核电站，从铀加工到核民用等，无处不寄托着全体爱好和平的中国人的期盼，和平利用核资源造福人类的呼声日益高涨，也是解决新时期人们对美好生活向往的途径之一。

本书是在作者多年经验积累和系列学术论文的基础上，对多个涉核单位的走访调研中资料进行梳理、提炼而成。在研究、写作过程中，本书受到东华理工大学核资源与环境国家重点实验室主任孙占学教授亲自指导，得到了全国核能专家花明教授的谆谆教导，还要感谢核资源研究领域的马智胜教授、周明教授、郑鹏副教授、黄国华博士、黄超文博士、陈梅芳博士和孟召博老师，他们给本书多次提出了非常宝贵的建议和意见，使得本书的体系更完整、内容更丰富。

由于本人水平和学识有限，书中难免有不当或错误之处，敬请各位专家、学者和广大读者多提宝贵意见。本书写作过程中，引用了大量国内外文献资料，绝大部分都做了标注，但肯定还有遗漏之处，敬请谅解并向有关作者表示感谢。

徐步朝

2019 年 6 月于南昌